生态文明教育

SHENGTAI WENMING JIAOYU

主　编　孔祥戬　苏　茜　陈　继

中国教育出版传媒集团
高等教育出版社·北京

内容提要

本书以中共中央、国务院《关于加快推进生态文明建设的意见》为依据，以职业院校学生、成人继续教育学生为对象，融入终身学习理念，结合学生学习规律和成长特点编写而成。

全书共五章十六节：第一章生态国情，包括认识生态、生态与人类、生态文明建设；第二章生态环境，包括生态系统、生物多样性、气候变化；第三章生态经济，包括绿色经济、循环经济、低碳经济；第四章生态安全，包括生态危机、生态修复、生态文明法治；第五章生态文化，包括生态文化的培育、生态文化智慧、生态文化愿景、生态文化教育。全书内容浅显，结构明晰，并配以实践活动，帮助学生在活动中培养良好的生态文明意识，践行生态文明理念，从而做到切实保护生态，创建美丽中国。

本书既可作为职业院校相关课程的教材，也可作为成人继续教育教材，同时还适合用作党政机关、企事业单位、社会团体的工作人员自学材料。

图书在版编目(CIP)数据

生态文明教育 / 孔祥戬，苏茜，陈继主编. —北京：高等教育出版社，2023.9

ISBN 978-7-04-060798-7

Ⅰ. ①生… Ⅱ. ①孔… ②苏… ③陈… Ⅲ. ①生态环境—环境教育 Ⅳ. ①X321.2

中国国家版本馆 CIP 数据核字(2023)第 138866 号

策划编辑 李光亮 雷 芳 **责任编辑** 雷 芳 **封面设计** 张文豪 **责任印制** 高忠富

出版发行	高等教育出版社	**网　　址**	http://www.hep.edu.cn
社　　址	北京市西城区德外大街4号		http://www.hep.com.cn
邮政编码	100120	**网上订购**	http://www.hepmall.com.cn
印　　刷	上海华教印务有限公司		http://www.hepmall.com
开　　本	787mm×1092mm 1/16		http://www.hepmall.cn
印　　张	8.25		
字　　数	176千字	**版　　次**	2023年9月第1版
购书热线	010-58581118	**印　　次**	2023年9月第1次印刷
咨询电话	400-810-0598	**定　　价**	20.00元

物 料 号 60798-00

编 委 会

主　编　孔祥戬　苏　茜　陈　继

副主编　陈　泽　雷淑华　夏　韩　钱小坤

参　编　孔　毅　梁靖雯　黄翠珍　许文静

金　鑫　张党柱

地球是人类繁衍生息的家园，生态环境是人类赖以生存的基本条件，发展是人类坚定不移的主题。生态文明建设关系人民福祉。习近平总书记在二十大报告中指出："尊重自然、顺应自然、保护自然，是全面建设社会主义现代化国家的内在要求，必须牢固树立和践行绿水青山就是金山银山的理念，站在人与自然和谐共生的高度谋划发展。"我国走进新时代的生态文明建设，是在习近平生态文明思想的指引下，在更高层次上实现人与自然、环境与经济、人与社会的相互依存、相互促进、和谐共处共融，是新时代发展的战略选择、战略方向。

保护生态环境，学校教育先行。美丽中国是环境之美、时代之美、生活之美、社会之美、百姓之美的总和。保护生态环境与建设美丽中国紧密相连，学生是生态文明建设事业未来的生力军，保护生态环境义不容辞。因此，让学生了解生态知识，增强生态意识、节约意识，选择低碳、绿色的生活方式，形成人人、事事、时时践行保护生态环境的新风尚尤为重要。本书以习近平新时代中国特色社会主义思想为指导，以中共中央、国务院《关于加快推进生态文明建设的意见》为依据，以中高职学生、成人继续教育学生为对象，融入终身学习理念，结合学生学习规律和成长特点编写而成，以进一步推进生态文明建设，使我们的祖国山更青、水更绿、天更蓝。

本书的编写主要突出实、新、趣、用、广五个特点。

(1) 实。本书内容紧密结合学习者了解生态文明知识的需求，内容充实、重点突出、深入浅出，易于接受。

(2) 新。本书体例新颖，每一节均按照学习目标、理论知识、知识链接、实践体验的编写思路，力求突出新知识、新技术、新方法的应用，体现理实一体、知行合一的职业教育特色。

(3) 趣。本书充分考虑学习者的学习习惯，语言生动有趣，案例鲜活，吸引读者，让学生在轻松、快乐的学习中树立生态文明理念。

(4) 用。本书在形式上注重实用性、可用性，读了便能学会，学会了便能用上，用上了便能收到保护环境的效果。

(5) 广。本书适用对象范围广，不仅适合职业院校学生使用，也适合成人继续教育学生使用。此外，还适合党政机关、企事业单位、社会团体的工作人员自学之用。但愿本书能成为读者的良师益友，为进一步推进生态文明建设提供有益的借鉴。

本书由孔祥戣拟定编写提纲、撰写前言、统稿，由苏茜、陈继参与统稿和校稿。全书共分五章十六节，具体写作任务分工为：第一章由孔祥戣、苏茜、孔毅编写；第二章由陈泽、雷淑华、许文静编写；第三章由陈继、夏韩、黄翠珍编写；第四章由孔祥戣、梁靖雯、金鑫、张党柱编写；第五章由苏茜、钱小坤、孔毅编写。

本书在编写过程中，我们参考了相关著述和国内网站的一些信息，在此一并表示感谢！

因时间仓促、水平有限，不足之处在所难免，敬请专家、同行、读者不吝赐教，以便再版时完善。

孔祥戣

2023 年 6 月

Contents

目录

第一章

生态国情

翻阅人类生态文明的史册，人与自然的关系就像一条红线贯穿人类发展的始终。在自然的条件下，一定的生物要素、环境要素，以及生物与环境各要素之间的相互作用形成平衡的生态组合。但是随着人类社会的发展和科学技术的日新月异，人类对自然生态的影响越来越大，生态环境的自然平衡受到严重破坏。党和国家对此高度重视，生态文明建设在全国全面展开，以促进人与自然的和谐共生，推进经济社会的繁荣发展、人民生活水平的提高，真正实现全面建设小康社会的奋斗目标。

第一节 认识生态

学习目标

（1）理解生态的内涵。

（2）了解自然生态资源的类别、特点。

（3）树立“生态兴则文明兴”的生态文明建设理念。

一、生态的内涵

生态是指生物在一定的自然环境下生存和发展的状态，也指生物的生理特性和生活习性。

生态资源是有限的，是人类赖以生存的基础。由于人类之前缺乏生态意识，人类的经济活动和社会发展超出了生态环境的承载能力，造成森林、草原、水域等自然生态环境遭到破坏，从而使人类、动物、植物的生存条件进一步恶化。如水土流失、土地荒漠化、生物多样性减少。

20 世纪 60 年代出现“生态技术”这一新名词。生态技术是建立在生态学基础上的以科技伦理道德为守则的高效益、低排放、少污染，利用可再生能源和清洁能源生产绿色环保产品的创新综合生产技术。如果把生态技术看作和生态环境相协调的手段和方法，那么生态技术则由主体要素、客体要素和工艺要素组成。主体要素是指人的要素，如环保经验、节能意识、实践操作；客体要素是指劳动工具、中介设备，如环境污染监测器；工艺要素是指生态工艺、流程，如清洁生产。

二、自然生态资源

（一）土壤资源

土壤资源承担了农业、林业、畜牧业生产和再生产的任务，包括农业土壤、林业土壤、牧业土壤等，是人类开发利用的一种自然生态资源。

我国的陆地面积约为 960 万平方千米，居世界第三位。我国土壤资源具有三大特点：

1. 土壤类型多

土壤类型可分为 40 多个土类，130 多个亚类。其中，云南的土壤颜色多样，共有 19

个土类，34 个亚类，约占全国土类的 30%。

2. 山地土壤资源多

各种高山和山地丘陵的土壤资源占国土面积的 65% 以上，适宜各种经济林木生长。

生态薄膜蔬菜种植

生态薄膜蔬菜种植

3. 耕地面积小

我国现有耕地约 15 亿亩，约占全国总土地面积的 10%。人均耕地面积仅约 1.4 亩，低于世界人均水平。

（二）湿地资源

湿地是重要的国土资源和自然资源，具有多种功能。它与人类的生存、繁衍、发展息息相关，是自然界最富生物多样性的生态景观和人类最重要的生存环境之一。

湿地包括沼泽地、泥炭地或其他积水地带等。它不仅为人类的生产、生活提供多种资源，而且具有巨大的环境功能，在抵御洪水、调节径流、蓄洪防旱、控制污染、调节气候、控制土壤侵蚀、促淤造陆、美化环境等方面有重要作用，因此，湿地被誉为“地球之肾”，与森林、海洋一起并称为全球三大生态系统。

我国是世界上湿地资源丰富、面积大的国家。我国湿地的特点是类型多、面积大、分布广、区域差异显著、生物多样性丰富。

1. 类型多

我国的湿地几乎包括了《关于特别是作为水禽栖息地的国际重要湿地公约》所定义的湿地类型，并拥有独特的青藏高原湿地，是亚洲湿地类型最齐全的国家之一。

2. 面积大

据最新统计，现有湿地面积约 5 635 万公顷，约占世界湿地的 4%，位居亚洲第一位，世界第四位。

3. 分布广

在我国境内，从寒温带到热带、从沿海到内陆、从平原到高原山区都有湿地分布，构成了丰富多样的综合类型。

4. 区域差异显著

我国东部地区河流湿地多，东北部地区沼泽湿地多，西部干旱地区湿地偏少；长江

中下游地区和青藏高原湖泊湿地多，形成了独特的生态环境。

5. 生物多样性丰富

我国湿地的物种十分丰富，有记载的湿地植物约有 2 760 种，记录到的动物有 1 500 种左右，比如中国湿地的鸟类种类，在亚洲近 60 种濒危鸟类中，湿地内有 30 多种。部分湿地还是南北半球候鸟迁徙的重要中转站，是世界水禽的重要繁殖地和东半球水禽的重要越冬地。

但是随着我国人口不断增长和经济的快速发展，围垦湿地、过度利用自然资源越发严重，自 20 世纪 50 年代以来，中国湿地面积锐减了 50%以上，由于许多湿地功能退化，造成水土流失甚至出现沙化，另外工农业生产排放的废弃物，也使 40%的湿地遭到不同程度的污染。从总体上讲，我国湿地继续丧失和退化趋势尚未得到有效遏制。

（三）水资源

水资源是指可利用或有可能被利用的水源。水是生命之源泉、农业之命脉、工业之血液。水资源在人类社会活动中有城乡生活供水、农业用水、工业用水、水力发电、水上航运、生态环境用水、水上养殖等多种功能。没有水，人类就不可能生存，万物就不能生长，地球就不会如此多姿多彩。

俗话说："三山六水一分田。"2020 年，全国水资源总量约为 3.16 万亿立方米，用水总量约为 0.58 万亿立方米。其中，云南水资源总量约为 0.78 万亿立方米。云南由于气候、地貌、地面组成物质等多方面的影响，地下水资源丰富，温泉众多。云南水能资源发展前景十分广阔，对促进全国电力资源优化配置具有重要的现实意义。

我国水资源的基本特点如下：

1. 水资源的总量比较丰富，但人均、地均拥有量少

我国江河平均年径流总量仅次于巴西、俄罗斯、加拿大、美国和印度尼西亚，居世界第六位。但是我国人口众多，耕地总面积较大，若按人口和耕地面积分配，水资源数量却极为有限。我国每公顷耕地所占有的流量未及世界平均水平，平均每人年占有的径流量不到世界平均值的四分之一。

2. 水资源的时空分布极不均匀

我国水资源比较丰富的省区有西藏、四川、云南、广西等，比较紧缺的省市区有宁夏、天津、上海、北京、山西、河北、甘肃等，几乎每年都有旱涝灾害出现，对人民的生产、生活造成不利影响。

3. 水资源与人口、耕地的分布不匹配

北方地区人口约占全国人口的五分之二，耕地面积约占全国耕地总面积的五分之三，但水资源占有却不足全国水资源总量的五分之一；南方地区人口约占全国人口的五分之三，耕地约占全国耕地总面积的五分之二，但水资源却约占全国水资源总量的五分之四。

进入 21 世纪，随着人口的增长、工农业的发展、城镇化水平的提高，我国各地区的需水量将持续增长。因此，一方面需要大力开源，加快水源工程的建设，提高河川径流的控制能力；另一方面需要大力提倡节约用水，加强对污水的处理能力和污水的再利用。

黄坛水库

黄坛水库

（四）大气资源

大气资源是指可供人类生活和生产利用的某些大气气体，又称为空气资源。大气由各种物质组成，低层大气以氮气、氯气、水蒸气、二氧化碳、甲烷、氮氧化合物等形式存在。

大气资源是一种无形而又无处不在的自然资源，与生物繁殖和人类生活密切相关，是人类和所有生物赖以生存的必备条件，如果没有空气，植物就无法进行光合作用，人类就不可能生存。

大气资源具有以下特点：

1. 流动性

它既有水平运动，又有垂直运动，相互混合，没有一定界限，不像其他资源那样固定在一定区域或空间内。

2. 循环再生性

大气中的一种气体经常会变为另一种气体或物质，同时又有一些物质或气体变为上述气体。例如，生物呼吸代谢、有机物质腐烂分解、化石物质燃烧等，都能释放二氧化碳，而植物的光合作用则吸收二氧化碳，放出氧气，这就是碳氧循环；氮、水等也有这种循环再生性。这种特性使空气成分保持相对稳定，从某种意义上讲，它使大气资源成为一种取之不尽、用之不竭的资源。

（五）森林资源

森林是人类生存发展的物质基础和天然氧吧，以森林为主要经营对象的林业，不仅承载着生态建设的主要任务，而且承担着提供多种林产品的保障。森林资源包括林木、林地及其所在空间内的一切森林植物、动物、微生物等的总称。

热带雨林

热带雨林

截至2021年，我国森林面积约为2.2亿公顷，森林覆盖率约为23％，森林蓄积量约为 175.6 亿立方米，人均占有森林面积只有世界水平的 20%左右。“十三五”期间，云南有林地面积约 0.28 亿公顷，森林覆盖率约为 65.04%，森林蓄积量约为 20.67 亿立方米，均居全国前列。

我国林种分为五类：一是用材林，二是防护林，三是经济林，四是薪炭林，五是特种用途林。

森林具有保持水土、提供粮食、创造经济价值、吸收烟尘、杀灭细菌、保护人类健康、减少噪声、调节气温、增加空气湿度、涵养水源、防风固沙、减轻自然灾害的功用。

我国森林资源有以下几个特点：

1. 种类多、类型全

全国有树种 8 000 余种，其中乔木树种有 2 000 多种，仅云南就有 100 多个森林类型，拥有木本植物 4 000 多种，其中森林树种 800 多种，几乎包括从热带、亚热带至温热带甚至寒带的所有品种，故云南有“植物王国”的称誉。

2. 经济林种类多

全国有经济林木 1 000 多种，如银杏、银杉、水杉、水松、金钱松、珙桐。仅云南就有核桃、板栗、油茶、油棕、橡胶、漆树、杜仲等 300 多种经济林木。

3. 林副产品丰富

我国林副产品的价值人人皆知，如野菜、野果、真菌。仅云南就分布着大量云南松、思茅松等，松脂资源丰富。

4. 林种、林龄结构不合理

我国林种分布极不均衡，据统计，用材林面积约占 73.2%，经济林面积约占 10.2%，防护林面积约占 9.1%，薪碳林面积约占 3.4%，竹林约占 2.9%，特殊用途林约占 1.2%。可见，经济林、防护林、薪碳林的占比较低，满足不了国计民生的需求。全国林分面积中，幼、中林约占 71.1%；用材林中，幼、中龄林木面积约占 74.4%。

5. 再生能力强

森林资源不但有用种子繁殖后代的能力，而且还可以进行无性繁殖，实施人工再生和天然再生。同时，森林能自行恢复在植被中的优势地位。森林是有不可替代的功能。诸如水土保持和水源涵养；调节气候、增加湿度；降低风速、防风固沙；减少噪声；杀灭细菌。

（六）动物资源

动物资源是人类可以利用的动物，包括陆地、湖泊、海洋中的一般动物和珍稀濒危动物。动物不仅为人类提供所需的优良蛋白质，而且为人类提供毛皮、畜力、纤维素，以及特种药材，在人类生活、工业、农业、医药等方面具有广泛的用途。

滇金丝猴

我国是世界上动物资源最为丰富的国家之一。我国存在不少珍稀动物，如大熊猫、金丝猴、扬子鳄，为保护这些野生动物及生态环境，我国建立了一系列自然保护区。云南因独特的气候和地理环境，具有十分丰富的野生动物物种资源，其中包括丰富的野生经济动物资源，其中，脊椎动物数量居全国首位。云南珍稀动物较多，约占全国一、二、三类保护动物种类的42%，滇金丝猴、野象、野牛、绿孔雀等都是十分珍贵的国家一级保护动物，因此，云南素有“动物王国”的美誉。

（七）旅游资源

按传统旅游资源观分类，我国旅游资源包括自然景观资源、人文景观资源、民俗风情资源、传统饮食资源、文化资源和工艺品资源，以及都市和田园风光资源等。按现代旅游资源观分类，我国旅游资源包括观光型旅游资源、度假型旅游资源、生态旅游资源和滑雪、登山、探险、狩猎等特种旅游资源，及美食、修学、医疗保健等专项旅游资源。

学术界按旅游资源的成因或其属性分类，将旅游资源分为自然旅游资源和人文旅游资源两大类型。前者是指地貌、水体、气候、动植物等自然地理要素所构成的、吸引人们前往进行旅游活动的天然景观，具有明显的天赋性质；后者内容广泛、类型多样，包括各种历史古迹、古今伟大建筑、民族风俗等，是人类活动的艺术结晶和文化成就。也有的将其分为三类，除上述两大类型外，还有复合型旅游资源。

我国的旅游资源有以下特点：

1. 资源丰富，种类多样

以旅游气候资源为例，我国不仅有纬向性的多样气候带变化，还有鲜明的立体气候效应，尤其在横断山脉地区，可谓“一山有四季，十里不同天”。中国南北既有四时如春的繁花似锦的美景，又有类型多样的海滨、山地、高原和高纬地区的避暑胜地，还有银装玉雕的冰雪世界，以及可避寒的海南。多样的风景地貌和多功能的气候资源，为各类生物提供了优越的生存栖息环境，使自然景观更加绚丽多姿。

泼水节

仅云南就有雄伟壮丽的山川地貌、蔚为壮观的山林溶洞、历史悠久的古迹文化、革命传统红色教育基地、各具特色的25个少数民族的民俗风情等。

2. 空间分布广泛，旅游规模大

我国是世界上旅游资源最丰富的国家，资源种类繁多，类型多样，具备多种功能。以地貌景观而论，从海平面以下约 155 米的吐鲁番盆地的艾丁湖底，到海拔约 8 848.86 米的世界第一高峰——珠穆朗玛峰，绝对高差近 9 000 米。我国拥有类型多样、富有美感的、不同类型的风景地貌景观，这在世界上可以说是独一无二的。

仅云南，经国务院批准的国家级历史文化名城就有昆明市、大理市、丽江市、建水县、巍山县、会泽县六座，国家级风景名胜区有昆明滇池风景名胜区、路南石林风景名胜区、九乡风景名胜区、丽江玉龙雪山风景名胜区、大理风景名胜区、西双版纳风景名胜区、建水风景名胜区等，省级风景名胜区有 52 处，还建立了总面积达 193 万公顷的自然保护区 100 个，总面积约为 9 万公顷的国家级、省级森林公园 22 个。

3. 文化底蕴深厚，可开发性较强

中国是古人类的发源地之一，许多旅游资源以其历史悠久、文化古老而著称。中华人民共和国成立以来发现的旧石器时代遗址数不胜数，遍及 29 个省(市、区)。云南开远小龙潭的古猿化石分属于森林古猿和腊玛古猿；云南禄丰石灰坝发现的古猿化石，据测定距今有 800 万年的历史；禄丰腊玛古猿头骨化石在世界上乃属首次发现。其他如仰韶文化、半坡遗址、岐山周原、丰镐周京、咸阳秦城、京杭运河、万里长城、秦陵兵马俑坑、银雀山汉墓等，无不以历史久远称绝，足以说明文化底蕴的深厚。另外，我国旅游资源大都是自然天成的，不需人为修凿，可开发性较强。

知识链接

植 树 节

1925 年 3 月 12 日，孙中山先生逝世于北平。孙中山先生一生倡导植树造林，人们为了纪念他植树造林的丰功伟绩，就把他的逝世纪念日确定为植树节。1979 年 2 月 23 日，我国第五届全国人大常务委员会第六次会议决定，仍以每年的 3 月 12 日为植树节，号召全国各族人民植树造林、绿化祖国、美化环境，造福子孙后代。

（资料来源：中国政府网）

实践体验

调查校园内的绿化树种

实践体验准备：

1. 调查前分小组，确定小组长，明确组长职责以及小组成员的工作任务。
2. 准备记录本。

实践体验流程：

1. 拟订调查计划。
2. 调查校园内的绿化树种，并按乔木、灌木、藤本分类记录。

实践体验评价：

序号	评价指标	评价标准	效果评价（是/否）
1	绿化树种搭配是否合理	常绿树种、落叶树种搭配，乔木、灌木、藤本树种搭配	
2	校园绿化的意义	绿化、美化、净化	
3	实践体验	爱护花草树木	

实践体验反思：

1. 校园绿化给我哪些启示？

2. 我对本次实践体验感到：

很满意□　　满意□　　不满意□

第二节　生态与人类

学习目标

（1）理解自然生态与人类命运紧紧相连、息息相关，增强生态意识。

（2）提升学生生态素养，树立“绿水青山就是金山银山”的生态理念。

自然生态与人类是相辅相成、互相依存、互相影响、互相制约的。自然生态的存在及其规律制约着人的行为活动及人类社会的发展，人类又在认识和尊重自然生态规律的基础上发挥着主观能动性，对生态环境产生影响。因此，自然生态是人类自诞生以来无法抹去的印迹，深深地印在人的生命里。人类必须尊重自然生态，顺应自然生态，保护自然生态。

一、从价值观念上看

人与自然生态作为地球的共同成员，既相互独立又相互联系、相互依存。因此，人们的生态美德已成为社会公德并具有广泛的影响力，生态价值观从传统的“向自然宣战”“征服自然”向“人与自然和谐发展”转变，从传统经济利润最大化向生态经济福利最

绿色环保概念

大化转变。以森林的价值为例：森林进行光合作用，吸收二氧化碳，提供了对人的生命极为重要的氧气；森林能吸收空气中的灰尘、细菌以及一些有害气体，犹如大自然的肺，净化着人类吸收的空气；森林能涵养水源；森林让地球免于遭受风暴侵袭和荒漠化。

二、从实践渠道上看

人类从自然生态中来，到自然生态中去，在改造实现物质世界的同时，不断克服负面效应，积极改善和优化人与自然生态的协调度、和谐度、安全度和幸福度，建立健康有序的生态机制，营造更符合人类生存、生活、健康、享受、愉悦的生态环境，实现经济、社会、自然景观的可持续发展。

三、从时间跨度上看

在我国生产力水平、综合国力、人民生活水平大幅度提升的同时，生态环境的

深圳城市天际线

深圳城市天际线

恶化也如影随形，引起了生态的不平衡。发达国家持续了上百年的污染问题，在我国经济建设快速发展的过程中也集中出现，呈现出压缩型、结构型、复合型特点。值得庆幸的是，人们已经开始意识到生态环境恶化的危机性，大力采取措施进行环境污染治理，实现代际、群体间的环境公平与正义，促进人与自然、人与社会的和谐。

知识链接

生态问题的全球性与治理的国别性

生态问题的全球性，意味着生态问题的解决不是一人能完成的，也不是一个国家能完成的，谁都不能“独善其身”。生态问题是世界性的，存在“一荣俱荣，一损俱损”的利弊关系。

实践体验

增强生态意识

实践体验准备：

1. 确定项目地点：学校广场。
2. 准备笔记本电脑、音响等设备及宣传资料。
3. 在全校公告栏张贴海报，向师生员工广而告之。

实践体验流程：

1. 设置舞台，悬挂横幅，营造氛围。
2. 向全体师生员工发放内容紧扣绿色生态环保的资料。
3. 开展“绿色校园，从我做起”专题讲座。
4. 举行“绿色校园，从我做起”签名仪式。
5. 总结并宣布活动结束。

实践体验评价：

序号	评价指标	评价标准	效果评价(是/否)
1	设计主题	紧扣“绿色校园，从我做起”	
2	设计步骤	合理、恰当，具有可操作性	
3	总体效果	达到举办这次活动的目的，师生员工的生态环境意识明显增强	

实践体验反思：

1. 如果下次再举办类似活动，我会做哪些改进？

2. 通过本次活动，我获得的启示有哪些？

3. 我对本次实践体验感到：

很满意□　　满意□　　不满意□

第三节　生态文明建设

学习目标

(1) 理解生态文明的内涵和特征。

(2) 领悟生态文明建设的重要意义，了解生态文明建设的路径。

(3) 树立"山水林田湖草是生命共同体"的生态文明理念。

一、生态文明的内涵

生态文明有广义和狭义之分。广义的生态文明是指人类在改造客观世界的同时，不断克服改造过程中的负面效应，积极改善和优化人与自然、人与人、人与社会的关系，创建有序的生态运行机制和良好的生态环境所取得的物质、精神与制度方面成果的总和。狭义的生态文明是指人为了与自然和谐共生所做出的努力，体现人与自然关系的进步状态，一般限于人与自然的关系。

生态文明是一场涉及生产方式、生活方式和价值观念的人类文明形态和发展理念，是人类社会继农业文明、工业文明后的新战略选择，是不可逆转的世界潮流。生态文明建设与经济建设、政治建设、文化建设、社会建设一起作为中国特色社会主义建设事业的重要组成部分。

二、生态文明的特征

我国的生态文明建设是中国梦催生的智慧之花，是在习近平新时代中国特色社会主义思想指导下形成的重要的关于人与自然和谐相处的马克思主义重要理论，具有公平性、高效性、可持续性、和谐性的特征。

(一) 公平性

生态资源对每一个人都是公平的，每一个人都应该承担保护生态平衡的责任和义务，也有权利享有适宜生存的生态环境。

（二）高效性

使用更少的生态资源生产出更多的物品，同时减少废弃物和污染，减轻对环境的破坏。

（三）可持续性

我们要认识到人类赖以生存的自然资源是有限的，要求当代人在获得自身发展的同时不损害生态环境，既满足当代人生存和发展的需要，又满足后代人可持续发展的需要。可持续性是在发展经济的同时保护环境，保持地球生态的完整性，以持续的方式保护自然资源。

（四）和谐性

生态文明的和谐性，是人与自然、人与人、人与社会关系和谐，和谐性是生态文明的核心内容。这就要求我们尊重自然生态，善待自然生态，自觉维护自然生态的平衡与发展。

三、生态文明建设的重要意义

人类社会不断进步的趋势是不可逆转的，伴随着经济社会的发展和经济全球化的形成，中国适时提出并开展生态文明建设对自身的全面和谐发展及全球人类的进步具有特别重大的现实意义和深远的战略意义。

（一）生态文明建设是减少环境污染的必然要求

当今，水土流失、环境污染、生态破坏已成为人们普遍面临的问题，生态文明建设正是基于此而进行的必然选择。生态文明是取代传统工业文明的一种文明形态，代表了人类社会更美好的社会和谐理想。所以，生态文明建设的行动已成为人们的共识，是减少环境污染，走上生活富裕、生态良好、人与自然和谐发展之路的必然要求。

烟囱

(二)生态文明建设是提升人类生活质量的内在要求

随着物质文明、精神文明、政治文明、文化需求的日益增长和生活水平的提高,人们对生活质量提出了更高的内在要求,希望呼吸新鲜空气、喝干净的山泉水、吃美好的绿色食品、住舒适的房子等。而生态文明建设的目的就是提升人们的生活质量,保障人们的生态权益。

(三)生态文明建设是顺应人类文明进步的必然选择

众所周知,人类文明的发展大致经历了数万年的原始文明、5 000 多年的农业文明、300 多年的工业文明三个阶段。人类文明正是在这种不断"扬弃"的过程中不断形成的,强调自然生态是人类生存发展的基础,人类社会是在这个基础上与自然界发生相互作用、共同发展的。从更客观、更富有历史感的角度来说,人与自然协调发展是人类在认识、利用自然过程中的一次质的飞跃。可以说,生态文明是在总结和反思工业文明发展过程中对自然环境的破坏和资源短缺的危机情况下要求人类做出的必然选择,是一种顺应人类文明进步的全新的文明形态。

(四)生态文明建设是实现中华民族伟大复兴的必由之路

生态文明是人类社会文明进步的重要标志,是对经济社会发展历史经验和教训的深刻总结,尤其是对工业文明进步反思的新成果,也是实现中华民族伟大复兴要求的客观反映。我国经济社会发展正处于一个生态资源因素对可持续发展有极其深远影响的阶段。传统的发展模式已经无法支撑经济社会的可持续发展。从长远来说,只有用生态文明建设的思想指导我国的经济建设和社会发展,增强全民生态文明意识,加强文明生态建设,才能实现人类社会的可持续发展。党的十八大从新的历史起点出发,首次提出"必须树立尊重自然、顺应自然、保护自然的生态文明理念",指出将生态文明建设写入党章并做出阐述,使中国特色社会主义事业总体布局更加完善,使生态文明建设战略地位更加明确,宣示将生态文明建设与经济建设、政治建设、文化建设、社会建设并为"五位一体"。党的十九大也提出"人类必须尊重自然、顺应自然、保护自然"。党的二十大更是提出"尊重自然、顺应自然、保护自然",是全面建设社会主义现代化国家的内在要求。因此,生态兴则文明兴,生态衰则文明衰,生态文明建设作为中国特色社会主义事业总体布局的重要组成部分,是全面建设小康社会的重要内容,是实现中华民族伟大复兴的必由之路。

四、生态文明建设的路径

(一)牢固树立生态文明意识,压实环保责任

马克思主义认为,社会存在决定社会意识,但社会意识也能够明显地反作用于社会存在。传统的生产方式偏重于物质财富的增长,而忽视了人与自然生态的和谐发展,导致了自然生态失衡。因此,必须强调,人与自然生态不和谐,必然导致人与人、人与社会不和谐的被动局面,从而让人们树立生态忧患意识、生态科学意识、生态价值意识、生态审美意识、生态责任意识,节约资源、节约能源。生态责任是每个公民的世界观、人生观、价值观的具体体现,必须人人参与、积极参与、主动参与生态文明建设,从而建设美丽中国。

（二）出台完善生态文明政策，抓实生态文明落地生根

生态文明建设是一项涉及全人类的长期的、系统的、艰巨的工程，必须将能源、资源利用和生态保护通盘考虑，出台完善的诸如实施节能减排、保护生态环境的土地政策、财政政策、投资政策、产业政策等。同时，要完善生态补偿机制，彰显生态公平。通过合理的税费政策，形成激励机制，促进循环经济与绿色生产的发展。

（三）实施科教兴国战略，倡导科技创新生态化

科教兴国战略与生态文明建设有着密切的内在联系。一方面，科教兴国战略决定着生产结构的合理布局，加快生态文明建设的进程，发展循环经济、发展低能耗和低排放产业等，要依靠人才和科技创新；另一方面，生态文明建设对人们和科技创新不断提出新要求，不断推动着人们素质的提升和科技的发展。因此，进一步实施生态文明建设，必须实施科教兴国战略，把科技和教育摆在优先发展的地位，提高公众的科技文化素养，培养节能、生态环保意识。

（四）加强生态文明宣传，践行生态文明建设

生态文明建设是全民的事，是全社会的事，这就需要把生态文明建设融入每个公民及全社会，用科学的生态思维、人与自然生态和谐发展的观点去看待现实社会、解释现实现象、处理现实问题，自觉转变生产方式和生活方式。所以，要多形式、多方位、多层面地宣传资源节约意识和自然生态保护意识，使人们树立生态观念，营造生态文明氛围，用实际行动践行生态文明建设，形成不吸烟、不随地吐痰、不乱扔垃圾的良好行为习惯，加大土地保护、植树造林、垃圾分类和回收等环境保护的执行力度，加大生态社区、生态校园的建设力度，推进荒漠化、石漠化、水土流失的综合治理，提高气象、地质、地震灾害防御能力，增强生态产品生产能力，创设天更蓝、地更净、山更绿、水更清的生态文明建设景象。

知识链接

世界环境日的由来

20 世纪 60 年代以来，世界范围内的生态破坏愈演愈烈、日益严重，节约资源、保护环境逐渐成为国际社会关注的焦点。1972 年 6 月 5 日，联合国在瑞典斯德哥尔摩召开首次环境大会，113 个国家参加大会，会上成立了联合国环境规划署，通过了《人类环境宣言》和《人类环境行动计划》，把每年的 6 月 5 日定为“世界环境日”，以增强全人类的生态保护意识。

实践体验

植　　树

实践体验准备：

1. 联系社区，确定栽植绿化树苗的场地。

2. 准备待栽植的营养袋树苗、复合肥或充分腐熟的农家肥。

3. 准备锄头、铲子、枝剪、水桶等工具。

实践体验流程：

1. 挖塘。根据树苗数量挖多个长、宽、高均为1米的正方形塘，并敲碎挖出的土块。

2. 回土。先把深层的瘦土回填入塘内，再回填表面的熟土，然后施入复合肥或充分腐熟的农家肥。

3. 修剪。用枝剪把树苗的枯枝、多余枝、损伤根剪掉。

4. 栽植。将营养袋树苗植于塘的中央并扶正，在树苗四周添加肥土直至树苗颈部。

5. 浇水。每塘用水桶浇水30千克～50千克。

实践体验评价：

序号	评价指标	评价标准	效果评价（是/否）
1	营养袋树苗栽植	成活率100%	
2	美学设计	树干挺直，树冠整齐	
3	栽后管理	生长茁壮	
4	节能环保	节约用水	

实践体验反思：

1. 我在营养袋树苗栽植中遇到了什么问题？如何解决？

2. 在这次实践体验中，我最大的收获是什么？

3. 我对本次实践体验感到：

很满意□　　满意□　　不满意□

第二章

生态环境

生态环境是指以生命活动为中心的周围事物的总和。人类离不开环境，生态环境间接地、深远地影响着人类的生存与发展，环境一旦被破坏，将影响人类的生存与持续发展。因此，生态环境问题牵一发而动全身，要保护和改善人类生活环境，就必须保护生态环境。

第一节 生态系统

学习目标

（1）理解生态系统和生态平衡的内涵。

（2）了解生态系统的成分和结构。

（3）树立尊重自然规律、人与自然和谐共生的理念。

一、生态系统的内涵与特点

（一）生态系统的内涵

生态系统，是指在一定地域或空间范围内生存的所有生物及其生存环境相互作用的、具有能量转换、物质循环代谢和信息传递功能的综合体。例如，森林是一个具有统一功能的综合体。在森林中，有乔木、灌木、藤本植物、草本植物、地被植物，还有多种多样的动物和微生物，此外，还有阳光、空气、水等自然条件，它们之间相互作用，就形成了一个森林生态系统。

生态系统的类型一般可分为自然生态系统、人工生态系统、半自然生态系统。自然生态系统是未受人类干扰，依靠生物和环境本身的自我调节能力来维持相对稳定的生

举起

草原牧场

草原牧场

态系统。自然生态系统还可以进一步分为水域生态系统和陆地生态系统。人们按需求建立起来的生态系统叫人工生态系统，如农田、城市、人工林。半自然生态系统是指经人为干预还保持一定自然状态的生态系统，比如人们放牧的天然草原。

（二）生态系统的特点

一个生态系统小到细胞，大到宇宙，都具有以下特点：

1．整体性

生态系统是由多个要素形成的一个有机整体，各要素之间相互作用、相互依存，任何因素的改变必然会影响其他因素的变化。

2．稳定性

在正常情况下，生态系统的各个因素相互适应地保持着平衡的关系，从而处于相对稳定状态。

3．动态性

生态系统具有生命体的一系列生物学特性，如繁殖、发育、生长、衰老，处于不断地进化和演变中，所以说生态系统有动态性。

农民在插秧

山林

农民在插秧

山林

4. 区域性

不同区域的水、土、气候不同,生存的生物类群也不同,这就是人们常说的“一方水土养育一方人”。

5. 开放性

生态系统的开放性有两层含义:一是生态系统为人类服务,二者之间具有“一损俱损、一荣俱荣”的关系;二是生态系统的生命体不断地与环境交换物质和能量。

二、生态系统的成分与结构

(一)生态系统的成分

任何生态系统都是由生物成分和非生物成分两部分组成。

1. 生物成分

生态系统的生物成分按其功能可分为:生产者、消费者、分解者。

(1)生产者主要是指绿色植物。它们通过叶绿素吸取太阳能并进行光合作用,把环境中的水和二氧化碳合成有机物,同时放出氧气。其中,一部分有机物为绿色植物自身的生长繁殖提供所需,另一部分为消费者提供了食物。

(2)消费者是指各种动物。它们直接和间接利用生产者生产的物质来维持自己的生命活动,直接食用植物的是初级消费者,如马、牛、羊、兔、蝗虫。以初级消费者为食物的是二级消费者,依次类推。消费者之间的级别没有严格的界限,有的动物既吃植物也吃动物,被称为杂食动物。

(3)分解者是指细菌、真菌、放线菌等微生物。它们在自己的生命活动中,把失去生命体征的物体分解成无机物,归还到水、土壤和空气等环境中,无机物又被绿色植物重新利用。

2. 非生物成分

生态系统的非生物成分包括阳光、水分、氧气、二氧化碳、无机盐、氨基酸等非生命物体和能量,它们按不同的条件组成了生命体赖以生存的大气、江河、土壤等环境。

(二)生态系统的结构

生态系统的结构,是指生态系统的各种成分在空间和时间上的相对有序的稳定状态,包括形态结构和营养结构。生态系统的形态结构是指生物的种类、种群数量、种群的空间分布、种群的时间变化。生态系统的营养结构,是指生态系统各组成成分之间建立起来的营养关系所形成的食物链和食物网,是构成物质循环和能量流动的重要途径。

食物链,是一种食物生物以另一种生物为食,彼此形成一个以食物链接起来的链锁关系。植物(生产者)是第一营养级,植食动物为第二营养级,肉食动物和杂食性动物的营养级不是一成不变的。例如草被昆虫吃,昆虫被鸟吃,鸟被猫头鹰吃,草为第一营养级,昆虫为第二营养级,鸟为第三营养级,猫头鹰为第四营养级。又如草被昆虫吃,昆虫被青蛙吃,青蛙被蛇吃,蛇被猫头鹰吃,猫头鹰为第五营养级。

三、生态平衡

生态平衡是指生态系统内生物与生物之间、生物与环境的各因素之间相互作用、相互影响,从而保持一种相对稳定的状态。生态处于平衡时,生态系统内生物种类组成、种群的数量保持相对稳定,即生产者、消费者、分解者和无机环境处于相对平衡状态,生态系统中物质能量的输入与输出处于相对稳定的状态,这种平衡主要表现在生产者、消费者、分解者种类和数量的相对稳定。

生态平衡是一种动态平衡,因为能量流动和物质循环仍然在不间断地进行,生物个体也在更新。自然因素和人为因素都可能破坏生态平衡。自然因素如火山爆发、海啸、地震、台风等都会使生态平衡遭到破坏。人为因素主要是指人类对自然资源的不合理利用导致生态失调。

解决生态失调有以下措施:

(1)增加生态系统组成成分的多样性。一般来说,一个生态系统的组成成分多、生物种类多、食物链长并连接成网,能量转化、物质循环途径多,抵御自然灾害的能力就强,且较稳定。

(2)巧设食物链结构。通过设计和建立食物链,可以增加生态系统的相对稳定性。如农业生产的"以虫治虫"就是食物链原理的应用。

(3)增强生态环境意识。具体地说,就是人们在抓经济社会的发展时,要树立生态环境保护意识,做到经济社会发展与生态环境保护同步进行。

四、人与自然生态系统和谐共生的重要意义

和谐,既是一种表征,更是一种心理,内化于心,外化于行。内化于心,是人的一种

守护我们共同的绿色家园

积极、向上、健康的态度，既是人与人之间的和谐，更是人与自然的和谐。外化于行既是一种状态、一种行动，也是一种过程、一种结果，更是一种价值。作为一种状态，表现为人与环境相生相容；作为一种行动，表现为人类保护环境人人所期盼，人人参与；作为一种过程，表现为万物和合，差别常在；作为一种结果，表现为人、自然、社会互依互存；作为一种价值，表现为包罗万象，合法、合情、合理性。因此，人与生态系统和谐共生有重要的实践意义、现实意义。

（一）自然生态系统是人类生存必须依靠的基本条件

人类的生存依赖于自然界，人类要从自然界中获取氧气、水和食物，同时又把生存、生产、生活的废弃物排放到自然界，影响干扰自然界本来的状态。火山、地震、海啸、台风、山崩、水旱等自然灾害是客观存在的。自然界对人类排放的废弃物的承载量是有限的，当某些废弃物超过自然界的承载量时，自然环境就会改变原来的状态，反作用于人类活动。如全球的绿色植物减少，二氧化碳排放量增大，超过了光合作用的需求，逐渐增加的二氧化碳有吸收热量的功能，导致地球表面气温升高，气候变暖导致地球两极冰川融化，海面升高，陆地面积减少，人类将失去一些生存空间。由此可见，人与自然有着相互依存、相互影响、密不可分、和谐共生的关系。

（二）自然生态系统在人类生存条件中有不可替代性

人类的生存依赖生态系统的恩赐，生态系统的功能包括稳定大气、调节气候、保持水土、处理废弃物、生产食物等。因此自然生态系统对人类的恩赐到目前为止没有任何替代性。

（三）人与生态系统和谐共生是生态文明的核心内容

人与自然和谐共生意味着人与自然、人与人、人与社会的和谐。马克思指出："人本身是自然界的产物，是在自己所处的环境中并且和这个环境一起发展起来的。"可见，人与自然和谐共生，必须遵守并正确运用自然规律，尊重自然，善待自然，自觉维护生态系统的平衡与协调。

知识链接

生　物　圈

生物作为自然环境的有机部分，形成了地球上非常活跃的特殊结构——生物圈。生物圈是地球上所有生物及其生存环境的总称，它占有大气圈的底部、水圈的全部和岩石圈的上部，厚度为 20 多千米。但是，生物的绝大部分集中在地面以上 100 米到水面以下 200 米这一薄层里，因为在这一薄层可以获得充足的太阳光能，这里有适于生命活动的温度条件，有生物可以利用的大量的液态水、氧气、二氧化碳以及氮、磷、钾等营养元素。这一薄层可以说是生物圈的核心部分。

实践体验

观测河流生态系统现状

实践体验准备：

1. 选择学校附近的河流，每日观测河流状况。

2. 设计并印制“实践体验观测表”。

3. 确定学生观测点4个，制作手持捕捞网4具，准备卷尺（用于实测水深）4个。

4. 全班学生分成4个小组，确定组长，明确组长职责以及小组成员的工作任务。

实践体验流程：

1. 在校内做实践体验动员，说明实践体验目的、作业要求，明确观测对象、填表内容、实践体验安全注意事项和纪律规定。

2. 乘车到达目的地，各小组按顺序进入观测点。

3. 组长指定打捞手，并由打捞手准备捕捞工具。

4. 教师引导观察生产者：水草、浮萍等藻类。

5. 捕捞消费者：蝌蚪、青蛙、鱼类。

6. 观察河水颜色，观察淤泥颜色并与河边泥土对比。

(1) 河水因为有城市污水注入，比较浑浊，水质富有营养，水草、浮萍、藻类繁殖茂盛，水中缺氧，消费者（鱼类）减少。

(2) 分解者分解腐烂的植物和死亡的鱼类，污泥中有二氧化碳、沼气排出。

(3) 净化、排开城市污水，减少浮萍、藻类，恢复生态平衡。

实践体验评价：

序号	评价指标	评价标准	效果评价（是/否）
1	设计主题	学习生态系统知识，关注河流生态	
2	设计步骤	合理，恰当，具有可操作性	
3	总体效果	增强“保护河流从我做起”的意识	

实践体验反思：

1. 分解者不易观测，河流污泥中的二氧化碳和沼气不够直观。

2. 我对本次实践体验感到：

很满意□　　满意□　　不满意□

第二节 生物多样性

学习目标

(1) 认识生物多样性的内涵与生态价值。
(2) 掌握生物多样性保护途径,并能开展相关实践活动。
(3) 树立保护生物多样性的理念。

一、生物多样性的内涵

生物多样性是生物基因多样性及其演变环境多样性,共同演化成多种多样的生物群落、构成各种各样生态系统的总称。不同物种在不同自然环境中演变进化成不同的生物群落,因而生物多样性具有空间格局和时间格局。空间格局是指生物在不同纬度、不同海拔因获得水分、热量不同而演化的结果,例如生长在北极的熊和生长在温带森林的熊,因气候不同和食物不同,就有不同的毛色、不同的脂肪和不同的习性。水分和热量分布的差异性带来生物种类分布的不同,例如草原到沙漠的生物种类随水分的减少而减少;寒带到温带的生物种类因温度的升高而增多。时间格局是指生物生长周期的变化,生物的生命都有形成、生长、死亡的周期变化,不同物种有不同的生命周期。物种的存亡受外界环境的影响很大。因此,保护生物多样性是我们面临的一项十分紧迫的任务。

二、生物多样性的生态价值

生物多样性的生态价值在于维持生态系统的价值。生物多样性是人类赖以生存的自然资源,是人类文明进步的重要动力,一定区域内某些生物数量的增减都会影响生态平衡。例如黄河流域森林植被的过度砍伐,造成如今的水土流失,破坏了原有的生态平衡。青藏高原秃鹫的减少使旱獭大量繁殖,旱獭在地下打洞穴,使高山草甸缺水导致牧草枯死,高山草甸生态平衡遭到严重破坏。

生物多样性的丧失会降低生态系统的生产力,进而减少自然界向人类提供的物质和能量。由此可以看出,生物多样性对维护生态平衡、人类的可持续发展具有重大意义。

北极熊

美洲黑熊

三、生物多样性的保护

在生物进化的过程中，自然选择必然会导致物种的形成和灭绝。物种的形成能增加生物的多样性，物种的灭绝必然会导致生物多样性的减少。这本是正常的自然现象，但由于近百年来人类活动的过度干预，生物多样性急剧下降，大量物种甚至面临灭绝的危险，我们只有采取有效的措施维护生物种类的丰富多样才能有效地保护生物的多样性。

（一）生物多样性保护行动

1993 年 12 月 29 日，《生物多样性公约》正式生效。这是在联合国主导下通过的一项国际性公约，旨在保护濒临灭绝的植物和动物，最大限度地保护地球上多种多样的生物资源。我国于 1992 年 6 月 11 日签署《生物多样性公约》，于 1993 年 1 月 5 日正式批准，是最早签署和批准《生物多样性公约》的国家之一。2020 年 9 月 30 日，国家主席习近平在联合国生物多样性峰会上，向世界发出"春城之邀"，世人的目光再次聚焦到春城昆明。云南是中国生物多样性资源最丰富的省份，几乎囊括了我国所有的陆地生态系统类型。近年来云南生物多样性保护成就斐然，2018 年出台的《云南省生物多样性保护条例》，开创了我国生物多样性保护地方立法的先河。2020 年，云南省生态环境厅联合多部门共同发布了《云南的生物多样性》白皮书，发表了生物多样性保护倡议。

（二）生物多样性保护途径

"皮之不存，毛将焉附"，生物多样性是人类赖以生存和发展的基础，是生态安全文明的保障。如果生物多样性遭到破坏，我们的衣、食、住、行都会受到影响。因此，保护生物的多样性势在必行。当前，生物多样性保护的途径主要有就地保护、迁地保护、近地保护等方式。

1. 就地保护

就地保护是指在动植物天然生存地建立自然保护区或国家公园对其设施保护的方式。自然保护区的原生态环境可以使被保护的生物更好地生存，能最大地保护动植物原有的特性，此途径是保护生物多样性最有效的措施。例如，为了保护黑颈鹤及其越冬栖息地的湿地生态环境，继黑龙江扎龙黑颈鹤国家级自然保护区之后，云南会泽又建立了黑颈鹤国家级自然保护区，在技术人员与工作人员的不断努力下，截至 2023 年 1 月

高原舞王黑颈鹤

6日会泽黑颈鹤数量从2011年记录的485只增长到现今的1 716只。

2. 迁地保护

迁地保护又称异地保护，是指将较为珍贵的濒危野生动植物从原生存地转移到条件良好的、可以实施人工辅助的环境。通过建立动物园、植物园、种子库、基因库、水族馆等，使即将灭绝的物种找到生存空间，具备生存能力。麋鹿其头脸像马、角像鹿、尾像驴、蹄像牛，俗称“四不像”，是中国特有的世界珍稀动物，但一度在中国本土灭绝。1986年，英国将39头麋鹿赠送给中国，并将其放到江苏省大丰麋鹿国家级自然保护区内。如今中国麋鹿数量已近万只，中国麋鹿保护得到了世界的认可。

3. 近地保护

近地保护是云南省近年提出的对极小种群野生植物进行保护的一种新方法。适用的对象主要是数量少、极度濒危、有灭种危险的极小种群的野生植物。极小种群的野生植物由于居群小、分布区域较窄，原生环境往往受到较大的人为干扰，就地保护和迁地保护不能满足保护需求，需要在就近区域建立保护区或基地来对其进行保护。近地保护对于极小种群的野生植物来说，是一种非常有效的保护手段。中国科学院昆明植物研究所在漕涧林场建立的“云南滇西极小种群野生植物近地和迁地保护实验示范研究基地”，保护极小野生种群漾濞槭。2020年基地中近地保护的漾濞槭首次开花，这也标志着漕涧林场的近地保护初见成效。

知识链接

国际生物多样性日

生物多样性与人类社会的各个方面密切相关，保护生物的多样性就是为人类未来的发展保驾护航。20世纪80年代，国际社会制定了一系列国际公约。1992《生物多样性公约》在巴西里约热内卢签署，同年6月11日，中国签署该公约，并成立了生物多样性保护委员会，制订了《中国生物多样性保护行动计划》。1994年，联合国大会通过决议，将每年的12月29日定为“国际生物多样性日”，旨在让人们认识到保护生物多样的重要性。2000年12月20日联合国大会将“国际生物多样性日”改为每年的5月22日。

实践体验

认识保护生物多样性的重要意义

实践体验准备：

1. 确定以校园作为活动场地。

2. 确定参与人员：授课班级师生。

3. 查清校园内植物的类别名称，张贴有关生物多样性的图片，准备相关资料，营造氛围，并在校园广播电台开设“保护生物多样性”专栏。

4. 设计《观测植物实践体验表》。

5. 公布观测路线、对象、分组名单，指定组长。

实践体验流程：

1. 教师带领学生按公布观测路线分组参观学校的花草树木，填写《观测植物实践体验表》，让学生亲自去观察感知生物多样性，养成保护植物的好习惯，感受动植物的生命力。

2. 各组汇报观测收获，教师讲评观测结果，介绍校园植物保护常识、普及生物多样性的相关知识，倡导学生关注、保护生物的多样性，增强学生保护生物多样性的意识。

3. 学校举办以“保护生物多样性”为主题的征文、绘画比赛，并且评选出最优作品，刊登在学校校报、校刊。

实践体验评价：

序号	评价指标	评价标准	效果评价（是/否）
1	班会动员	增强了学生保护生物多样性的意识	
2	设计主题	征文、绘画紧扣保护生物多样性主题	
3	总体效果	全校师生保护生物多样性的意识明显增强	

实践反思：

1. 围绕“保护生物多样性”开展的活动类型是否可以再丰富，例如增加演讲、手抄报等活动？

2. 我对本次实践体验感到：

很满意□　　满意□　　不满意□

第三节　气候变化

学习目标

（1）理解气候及气候变化的内涵及体现。

（2）了解人类活动与气候变化的关系，积极应对气候变化。

（3）树立尊重自然规律、关注生态环境变化的意识和科学的生态发展观。

一、气候变化的内涵

气候是某一地区长时间的天气冷热、干湿变化状况。一般用气温、降水这两个重要气象要素来描述气候变化特征。气候变化有时间、空间两个维度：时间上有一天的昼夜变化，一年的四季变化，多年的湿、热年际气候变化；空间上有地球表面气候带的南北对称水平分布变化，高山地区“一山有四季，十里不同天”的垂直分布气候变化。这里主要关注的是气候的年际变化。

二、气候变化的体现

气候变化的主要体现是气候变暖，臭氧层被破坏，酸雨增多。全球气候变化的原因非常复杂，主要包括自然因素和人为因素。从自然因素来看，主要是太阳辐射的变化，使大气环流与海洋环流发生变化，属于地球自然的内部进程。《联合国气候变化框架公约》认为，气候变化是指经过相当长一段时间的观察，在自然气候变化之外，由人类活动直接或者间接地改变全球大气组成所导致的气候变化。人类在生存、生产活动中，对自然界进行干预，无节制地索取自然资源，大量排放二氧化碳、二氧化硫、甲烷等气体，并持续地改变大气的组成成分，导致当地的气候发生改变。以云南省会泽县者海镇为例，20 世纪 50 年代过度砍伐森林，70 年代围湖造田，冶炼铅锌的工厂烧结硫化铅矿排放出大量二氧化硫，导致的酸雨毁坏了周边的植被，还有大量的二氧化碳气体排放到大气中，导致了温室效应。者海湖干涸后，树冠蒸腾和者海湖面蒸发的水汽大量减少，者海坝子的降雨量由 20 世纪 50 年代的约 1 000 mm/年下降至 2021 年的约 500 mm/年，严重影响了当地农业的增产增收。

三、应对气候变化

在气候变化面前，人类并非束手无策。我们要坚持当前与长远兼顾，树立“保护资源人人有责，节能减排从我做起”的观念，多使用清洁能源，低碳出行，减少汽车尾气排放；积极植树种草，防止森林火灾；节约用水，减少废弃物排放；等等。提高农业、林业、水资源等重点领域适应气候变化的水平，强化处置能力及监测、预警和预防能力。

我国实施了积极应对气候变化的措施：一是植树造林，退耕还林还草；二是调整作物布局，创收增产；三是推广集雨灌溉，解决干旱缺水地区农村饮水和部分农业生产用水问题；四是节能减排，节约能源，减少环境有害物质排放；五是组织实施气候变化对我国农业、林业、水资源和沿海地区海平面的影响的评估，并进行一系列与气候变化有关的科学研究，为保护世界气候资源做出应有的贡献。

知识链接

世界气象日

世界气象日又称国际气象日，是世界气象组织成立的纪念日和《国际气象组织公约》的生效日，定于每年的3月23日。

世界气象日的设立，除了有纪念作用，还旨在通过开展气象活动宣传、科普气象相关知识，唤起人们对气象相关工作的重视与热爱，推广气象学在航空、航海、水利、农业和人类其他活动方面的应用。2023年3月23日是第63个世界气象日，其主题是“天气气候水，代代向未来”。

实践体验

参观气象观测站

实践体验准备：

1. 联系所在地区的气象观测站。

2. 召开动员会，让学生了解这次实践体验的目的、意义，加深对气象知识的认知，真切感受气象与人民生活的息息相关，自觉关心天气变化，做守护气候资源的卫士。

3. 分组，确定组长，并明确组长的职责以及小组成员的工作任务。

实践体验流程：

1. 拟订参观计划。

2. 明确安全责任、参观纪律。

3. 有序参观气象观测站，认真听取观测站工作人员的讲解。

实践体验评价：

序号	评价指标	评价标准	评价效果(是/否)
1	设计主题	体验气象知识，关注气候变化	
2	设计步骤	合理、恰当，具有可操作性	
3	总体效果	达到认识、了解气象知识和气候知识的目的，增强“保护气候资源从我做起”的意识	

实践体验反思：

1. 如果下次再举办类似活动，应该作哪些改进？
2. 在本次活动中得到的启示是什么？
3. 我对本次实践体验感到：

很满意□　满意□　不满意□

第三章

生态经济

生态经济是指改变传统的生产、流通和消费方式,充分利用自然资源的潜力,保护生态环境,实现人类与自然的生态环境共生、共存、共赢。因此,生态经济是实现经济发展与环境保护和谐统一的可持续发展的经济形态。生态经济本质上要求在经济发展过程中必须节约资源,发展清洁和可再生能源,既保持经济的快速发展,又确保资源的可持续利用,实现经济效益和社会效益和谐发展。

第一节　绿色经济

学习目标

(1) 理解绿色能源的内涵。

(2) 了解开发利用、节能减排的相关知识。

(3) 了解绿色食品的内涵、分类、标志，并能鉴别绿色食品。

(4) 树立绿色生活理念并在实践中践行。

绿色经济是一个新概念，把“绿色”作为经济的修饰语，表达无污染的意思，说明经济在发展中是与生态环境相协调的。所谓绿色经济，是指在经济运行的过程中，生产、流通、分配、消费等方面不对生态环境产生有害影响的经济。在发展经济的过程中，务必保护生态环境，同时，也要大力开发与人们生活关系密切相关的衣、食、住、行方面的绿色产品，以建成美丽中国。

一、绿色能源

(一) 绿色能源的内涵

能源是经济和社会发展的重要物质基础，是能量的来源或源泉，是能够直接或间接获取某种能量为我们生产、生活所利用的一种资源，如煤炭、石油、核燃料、水、风、生物体，或从这些物质中再加工制造出的新物质，如焦炭、煤气、液化气、煤油、汽油、柴油、电、沼气。

绿色能源是近年由绿色食品、绿色农业、绿色经济延伸的一个新概念。绿色能源有两层含义：一是利用现代技术开发干净、无污染新能源，如太阳能、风能、潮汐能；二是化害为利，同改善环境相结合，充分利用城市垃圾、淤泥等废物中所蕴藏的能源。

绿色能源具有可再生或清洁的特征。水能、风能、太阳能、地热能等，人工合成的沼气、乙醇等，这些能源消耗之后可以恢复补充，很少产生污染，被称为绿色能源。除此以外的如煤、石油、天然气，是不可再生的，被称为常规能源。

(二) 绿色能源开发利用

加强绿色能源的开发利用，是解决资源短缺、环境污染问题的重要途径，是促进社会可持续发展的积极推进力量。绿色能源是重要的战略能源，对增加能源供应、改善能源结构、保障能源安全、保护环境有重要作用，开发利用绿色能源是建设资源节约型、环境友好型社会和实现可持续发展的重要战略措施。

1. 太阳能

广义的太阳能是地球上许多能量的来源，如风能、水能、潮汐能、地热能。太阳能资源丰富，既可以免费使用，又不需运输，且对环境无污染。尽管太阳辐射到地球大气层的能量仅为其总辐射能量的 22 亿分之一，但已高达 173 000 太瓦，也就是说太阳每秒钟照射到地球上的能量就相当于大约 500 万吨煤，辐射地球 1 小时的太阳能约合全世界一年总能耗。

西半球

光伏发电

目前，世界各国对太阳能产业采取了诸多鼓励措施，实施了各种长期的政府计划。我国上海将陆续投资总计百万亿实施十万太阳能屋顶计划。按上海地区标准日照时间 1 100～1 300 小时/年计算，每年最低发电量可达 143 千瓦时/平方米。30 平方米的太阳能屋顶，相当于一台 3 千瓦的小型发电机，发电约 3 300 千瓦时每年，而一个家庭的月用电才 100 多千瓦时，这些电量可供三个家庭的年用电量。

青海光热电力集团格尔木 200 兆瓦塔式光热发电项目，在 2015 年 7 月 20 日举行奠基仪式，项目占地 25.5 平方千米，规划容量为 200 MW，足以为 100 万户家庭供电，它采用大型塔式光热发电技术，设计储热 15 小时，能保证 24 小时平稳发电。该项目投资为 53.8 亿元。新华社称，发电站建成之后每年可以减少 426 万吨燃煤使用，降低温室气体排放。

2. 风能

风能是空气流动产生的一种动能，其大小决定于风速和空气的密度，具有蕴藏量大、分布广、可再生、无污染、生态友好等特点。我国风能资源十分丰富，风能的利用主要是巧妙地利用风的动力来发电，其发电的原理是利用风力带动风车叶片旋转，再透过增速机将旋转的速度提升，来促使发电机发电。

“十三五”期间全国的风电并网装机规模快速地增长，开发布局不断优化，技术水平也在显著提升，政策体系逐步完善，风能已逐步从补充能源变为替代能源。2010 年，中国新增和累计装机量首次超过美国，从此连续 12 年稳居世界第一。2021 年，中国风电并网装机突破 3 亿千瓦大关，风电装机量占全国电源总装机量的 13.9%，占全球风电装机的

40%，风电利用率达到96.9%。风电已经成为我国继煤电、水电之后的第三大电能。

风能

海浪风车

风能

海浪风车

3. 潮汐能

潮汐能是海水周期性涨落运动中所具有的能量，其水位差表现为势能，其潮流的速度表现为动能。这两种能量都可以利用，是一种取之不尽、用之不竭的可再生能源。我国在浙江省建造了江夏潮汐电站，总容量达到3 000多千瓦。

4. 地热能

地热能是由地壳抽取的天然热能，这种能量来自地球内部的熔岩，并以热力形式存在，是引致火山爆发及地震的能量。地球内部蕴藏着的巨大的热能，其分布随深度的增加而增加。通常，有可能在适当的未来时期内经济而又合理地取出来的那部分热量称为地热资源。

云南省腾冲热海风景区地热温泉喷气孔

云南省腾冲热海风景区地热温泉喷气孔

地热资源是指能够为人类经济开发和利用的地热能、地热流体及其有用组分。地热资源为重要的可再生能源矿产，若采取合理开发利用方式，这是一种取之不竭、用之不尽的清洁能源，地热能可利用在化工资源、地热旅游、地热发电、地热供暖、地热务农、地热医疗等方面。相关专家指出，在未来几年内，地热能有可能成为与太阳能、风能齐观的新能源。

放射性

5. 核能

核能又称原子能，是原子核粒子重新组合和排列时所产生的能量。当一个重核（如铀）分裂成为两个轻核时，释放的能量称为核裂变能；原子弹和目前的核电站就是利用这种原理。两个以上轻核聚合为一个重核，其质量小于原来两个核的质量之和，释放的巨大能量称为核聚变能；原子核自然衰变过程中释放能量称为核衰变。核能广泛用于工业、军事等方面。

（三）节能减排

节能减排有广义和狭义之分。从广义而言，节能减排是指节约物质资源和能量资源，减少能源浪费，减少废弃物和环境有害物（包括三废、噪声等）排放。从狭义而言，节能减排是指节约能源和减少环境有害物排放。

1. 汽车行业的节能减排

由于汽车燃油消耗的不断增加和汽车排放问题的加剧，汽车节油和环保问题日益突出，面对有限的石油资源和国家能源战略遇到的威胁与挑战，汽车节能与环保技术已成为汽车技术领域的研发热点。

在对传统汽车进行技术改造的过程中也逐渐形成了以具有良好环保、能源特性的纯电动汽车、混合电动汽车、燃料电池电动汽车等为代表的新能源汽车的研发潮流和产业化热点。电动汽车因污染小、节约能源、能改善能源消耗结构和电网负荷，已经成为重要的绿色交通工具。

2. 建筑行业的节能减排

建筑节能是指民用建筑在规划、设计、建造和使用过程中，通过采用新型的节能电力电气设备和新型墙体材料，执行建筑节能标准，加强建筑物用能设备的运行管理，合理设计建筑围护结构的热工性能，提高采暖、制冷、照明、通风、给排水和通道等电力电气设备系统的运行效率，以及利用可再生能源，在保证建筑物使用功能和室内热环境质量的前提下，降低建筑能源消耗，合理、有效地利用能源的活动。

建筑物的节能主要依靠减少围护结构的散热以及提高供热系统的热效率两个方面。建筑行业的节能还与光伏发电密切相关，光伏是未来绿色建筑的主角。太阳能光伏发电与建筑有机结合，利用太阳能光伏组件替代建筑物的某一部分，既消除了太阳能对建筑物形象的影响，又避免了重复投资，降低了成本，同时可以使建筑物本身产生能源，减少对能源的消耗。

3. 造纸行业的节能减排

造纸行业的节能减排措施主要是调整原料结构，增加木浆和废纸用量；采用环境无害化技术；改进制浆造纸技术，提升节能减排水平。

二、绿色食品

（一）绿色食品的内涵

绿色食品是指遵循可持续发展原则，按照特定生产方式生产，经专门机构认定，许可使用绿色食品标志商标的无污染的安全、优质、营养类食品。自然资源和生态环境是绿色食品生产的基本条件。其标志是中国绿色食品发展中心在国家知识产权局商标局注册的产品质量证明商标，用以证明绿色食品无污染、安全、优质的品质特征。

绿色食品的标志由三部分构成，即由上方的太阳，下方的叶片和中心蓓蕾构成。图案上方的太阳意为优良的生态环境，下方的叶片意为生命的希望，中心的蓓蕾意为植物生长；颜色为绿色，象征着生命、农业、环保；图形为正圆形，意为保护、安全。整个图形寓意明媚阳光下的和谐生机，告诉人们绿色食品是出自纯净、良好生态环境的安全、无污染食品，能给人们带来蓬勃的生命力。绿色食品标志还提醒人们要保护环境和防止污染，改善人与环境的关系，创造人与自然新的和谐。

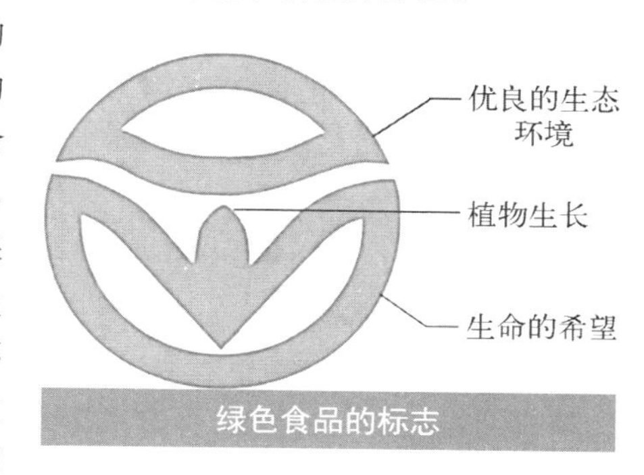

绿色食品的标志

（二）绿色食品的分级

绿色食品标准分为两个技术等级，即 A 级绿色食品标准和 AA 级绿色食品标准。

A 级绿色食品标准要求产地的环境质量符合《绿色食品产地环境质量标准》，生产过程中允许限量使用限定的化学合成物质，按特定的操作规程生产、加工，产品质量及包装经检测、检查符合特定标准，并经专门机构认定。A 级绿色食品标志为绿底白字图案。

AA 级绿色食品标准要求生产地的环境质量符合《绿色食品产地环境质量标准》，生产过程中不使用化学合成的农药、肥料、食品添加剂、饲料添加剂、兽药及有害于环境和人体健康的生产资料，而是通过使用有机肥、种植绿肥、作物轮作、生物或物理方法等技术，培肥土壤，控制病虫害，保护或提高产品品质，从而保证产品质量符合绿色食品产品标准要求，并经专门机构认定。AA 级绿色食品标志的产品为白底绿字图案。

（三）绿色食品的特征

1. 强调产品出自最佳生态环境

绿色食品生产从原料产地的生态环境入手，进行严格监测，判定其具备生产绿色食品的基础条件。

2. 对产品实行全程质量控制

（1）对产前环节的环境进行监测，对原料进行检测；

（2）对产中环节的生产、加工操作规程进行落实；

（3）对产后环节的产品质量、卫生指标、包装、保鲜、运输、贮藏、销售进行把关，确保绿色食品的整体产品质量。

3. 依法对产品实行绿色食品标志管理

绿色食品标志是一种技术手段和法律手段有机结合的管理行为，把生产者的行为纳入技术和法律监控轨道，把消费者的利益纳入法律保护范围。

我国绿色产品种类主要为农林加工品、畜禽产品、水产品和饮料产品。产品包括粮油、蔬菜、水果、茶叶、畜禽和水产等。发展绿色食品的目的，是通过发展绿色食品保护和优化农业生态环境，增进人类身体健康。

三、绿色生活

（一）绿色生活的内涵

近年来，绿色渐渐成为一种文化乃至思想，引领着时代潮流，绿色理念已经渗入了生活的方方面面。“绿色”一词产生了许多新的文化含义，绿色是生命的象征、大自然的底色，更是美好生活的基础。绿色等于环境保护或无污染。关于绿色生活，形成了“三大抽象规定”，这就是节约、回用、循环。节约，一是省料，二是节能；回用是重复使用，即对资源的再利用；循环就是生态系统中某些物质形态和能量形式的重复出现和周期性变化。

随着经济全球化、环境意识以及民主自由意识思想的不断发展壮大与深入人心，绿色的核心含义不仅包括环境友好和可持续，也包括安全、健康、低碳、公平、善意、包容、友爱、和平与美好。

生活方式就是生产方式的表现，是人的“一定的活动方式”“生活的一定形式”。有什么样的生产方式就有什么样的生活方式，生产方式决定生活方式，这是从马克思、恩格斯的历史唯物主义论述中得出的。据此，我们可以将生活方式定义为和物质生活的生产条件相统一的人们生活活动的稳定的或固定的形式。

绿色生活是一种节约资源、清洁环境、尊重自然的健康生活方式，是指通过倡导居民使用绿色产品，倡导民众参与绿色志愿服务，引导民众树立绿色增长、共建共享的理念，要求人们自觉做到绿色消费、绿色出行、绿色居住，在衣食住行等方面达到绿色、低碳、环保标准，从而享受健康的生活。

（二）绿色生活的核心理念

1. 安全生活

人类希望安全地生产，更期望安全地生活。安全是生命，安全是效益，安全是责任，安全是荣誉，安全也是一种文明，无论是生产还是生活，安全的观念、安全的行为以及安全的物态，时时处处对人发挥着作用和影响，只有实现了人的安全生活才能真正实现绿色现代化的生活方式。

2. 节俭生活

节俭是中华民族的传统美德。老子说：“我有三宝，持而保之，一曰慈，二曰俭，三曰不敢为天下先。”老子将“俭”视为立身处世之宝。《朱子家训》里有：“一粥一饭，当思来之不易；半丝半缕，恒念物力维艰。”这里说的就是节制、有度的生活态度。唐代李商隐在《咏史》中说："历览前贤国与家，成由勤俭败由奢。"这也说明了节俭的重要性。推动绿色生活，无疑在传承和发扬我国优秀传统文化思想方面可以发挥积极作用。

绿色生活的节俭理念就是强调对资源的有效利用和循环利用，要走出"面子文化"、盲目攀比的怪圈，树立崇尚节约的绿色消费观。绿色消费涉及范围比较广泛，既包括在生产和消费过程中对环境影响较小的绿色农产品、低耗能家电等，也包括对生态环境和生物多样性的保护，涵盖了生产和消费的各个领域。

3. 低碳生活

低碳生活方式就是低能量、低消耗的生活方式，是一种注重环保的、健康的、高质量的生活方式，是一种简单、简约、简朴的生活方式。低碳生活强调人们要减少生活耗用能量，尤其是要减少二氧化碳的排放量，以减少对大气的污染、减轻对环境的破坏、减缓生态恶化和气候变暖。

4. 可持续生活

可持续生活是可持续发展在社会生活中的具体体现。这种生活方式是既能满足当代人生活的需求，又不危及后代人满足其需求的各种生活方式的总和。从实质上看，它主要包括两方面：一是物质生活适度，即既要求物质生活以人的基本需要为出发点，以人的健康生存为目标，又要求把人的物质生活水平严格控制在地球环境的可容纳容量和地球资源的可承载范围之内；二是物质消费公平，即既要求同代人之间在消费权益上的公平性，又要求每一代人尤其是当代人对资源环境的消费，不应当以损害后代人的消费权益和发展潜力为代价，确保子孙后代的可持续生活。在当下，确立这种新的生活理念和生活模式势在必行，转变生活理念，建构可持续生活方式，是实现可持续发展的内在要求，是人类的明智选择。

（三）践行绿色生活

绿色低碳已经成为社会发展的必然趋势，绿色生活不仅是一种态度、义务和责任，更是一种精神、品行和境界。我们不仅要倡导绿色生活，更应该主动践行绿色低碳生活。

1. 绿色消费

绿色消费是指一种以适度节制消费，避免或减少对环境的破坏，崇尚自然和保护生态等为特征的新型消费行为和过程。绿色消费，不仅包括消费绿色产品，还包括物资的回收利用、能源的有效使用、对生态环境的保护等。

（1）绿色衣服。衣是人类生活的必需品之一。绿色衣服又称为生态服装或环保服装，是一种对人类健康和社会环境无害的新型消费方式，以棉、麻、丝等天然动植物材料为原料，从原料生产到加工成成品都做到绿色、低碳、节能、环保、安全。另外，在旧衣服的回收处理上也应做到安全、环保。同时，服装应用手洗，既节约资源，又减少二氧化碳的排放量。

（2）绿色食品。"民以食为天"。食物是人类生命的物质基础，食品消费是绿色消费有代表性的领域。绿色餐饮要做到：使用绿色的原材料、保持健康的饮食习惯、可循环的绿色餐具，就是不用或少用一次性餐具，从而减少对资源的浪费和对环境的破坏；使用绿色的原材料，就是优先考虑绿色食品、时令果蔬，在烹饪方法上尽量采用煮、煲、蒸、拌等低碳方式;保持健康的饮食习惯,包括按需点菜、不暴饮暴食、光盘行动等。

2. 绿色居住

居住是人类生存的基本条件,也是反映生活质量高低的重要指标。"绿色居住"的"绿色",并不是指一般意义的立体绿化、屋顶花园,而是代表一种概念或象征。绿色居住是指建筑对环境无害,能充分利用环境自然资源,并且在不破坏生态平衡条件下建造,这类建筑又被称为可持续发展建筑、生态建筑、回归大自然建筑、节能环保建筑等。这类建筑室内布局合理,尽量减少使用合成材料,减少污染,充分利用阳光,节省能源,为居住者提供一个健康、适用、高效的使用空间,与自然和谐共生的居住建筑。

3. 绿色出行

行是人类生活中必不可少的环节。绿色出行就是采用对环境影响最小,安全、文明、高效的出行方式。绿色出行方式包括步行、骑自行车、坐公交车、乘地铁等,既节约能源、提高能效、减少污染,又有益于健康。

4. 绿色健身

绿色健身是在自然或者其他适宜的环境中,人类做的对环境有益或者无害的,同时又能节约资源的科学的健身运动。绿色健身实践新模式:一是网络健身,利用电脑以及配套的设备,通过网络,做到足不出户就可以达到锻炼身体的目的。这种方式不仅科学有效,而且同传统的健身方式相比,既经济又节省时间。二是森林浴,是指人们到森林中或到绿树成荫的公园里,呼吸清新的空气,沐浴阳光,放松心情,同时通过适当的运动,如林中步行、做操、跑步、打太极拳,充分感受森林中的气息和氛围,从而增进健康、防治疾病。

知识链接

世界地球日

世界地球日为每年的4月22日,是一个专为世界环境保护而设立的节日,旨在提高民众对现有环境问题的认识,并动员民众参与到环保运动中,通过绿色低碳生活,改善地球的整体环境。第一个地球日活动是由哈佛大学学生丹尼斯·海斯组织的,于1970年4月22日在美国举行。这是人类有史以来第一次规模宏大的群众性环保运动。1970年以后,地球日的影响逐渐扩大,已经超出了美国的国界。1972年联合国第一次人类环境会议的召开也起到了积极推动作用,让人类充分认识到"只有一个地球"的重要内涵。为了促使全球亿万民众都来积极地参与环境保护,1990年"地球日"活动的组织者们决定要使1990年的"地球日"成为第一个国际性的"地球日",这得到了五大洲各国和各种团体的热烈响应和积极支持。在1990年4月22日这一天,世界许多国家以各种形式进行了庆祝地球日的活动。在"地球日"20周年之际,"地球日"才有了国际性,并称得上是"世界地球日"。我国从20世纪90年代起,每年都会在4月22日举办世界地球日活动,倡导人们改变生活方式,保护绿色家园。

实践体验

创建班级“绿色生活、节约资源”角

实践体验准备：

1. 确定活动地点为各班教室。
2. 确定主办部门：由学校主导、专业部实施。
3. 参与对象：全校各班级学生。
4. 准备分类垃圾箱等实施设备、班级绿色生活实践记录表等材料。
5. 成立班级绿色生活小组，确定组长，明确组长职责以及小组成员的工作任务。

实践体验流程：

1. 开展践行绿色生活节约资源理念宣传。学校通过动员大会、倡议书、主题班会、黑板报、手抄报、宣传橱窗等进行宣传发动，组织学生认真学习体会“创建班级绿色生活节约资源角”主题活动的重要意义，引导学生从现在做起，从自身做起，从身边的小事做起，节约资源、保护环境，践行绿色生活。

2. 每个班级建立一个绿色生活节约资源角。

3. 学生在日常学习生活中养成良好的习惯，将废纸、塑料瓶、快递包装袋、塑料袋等平时生活中的废弃物收集起来，存放在班级“绿色生活、节约资源”角，当废弃物到了一定量时统一送交收废站。

4. 在校园设立废电池收集箱、废旧衣物收集箱、有害有毒物品集中收集箱，以防污染。

5. 每周周日晚自习，由绿色生活组长督促统计，看看学生在日常生活中是否拒绝使用或尽量少用一次性饭盒、一次性筷子及不可溶解塑料袋；是否少购买或不购买过度包装食品，尽量购买绿色食品；周末外出是否绿色出行。把班级绿色生活实践记录表粘贴在班级“绿色生活、节约资源”角。

实践体验评价：

序号	评价指标	评价标准	效果评价(是/否)
1	各类垃圾做到分类收集	客观，精准	
2	绿色生活节约资源	从我做起，从身边做起，从小事做起，从现在做起，养成节约资源的意识	
3	实践体验	废旧物回收利用，绿色购物，绿色出行，践行绿色生活	

实践体验反思：

1. 我在本活动中遇到什么问题？如何解决？
2. 我对本次实践体验感到：

很满意□　　满意□　　不满意□

第二节 循环经济

学习目标

(1) 理解生态城市、生态农业、生态工业、生态服务业的内涵。

(2) 了解生态城市、生态农业、生态工业、生态服务业的特点,领悟循环经济的重大意义。

(3) 树立发展生态城市、生态农业、生态工业、生态服务业的理念。

良好的生态环境是最公平的公共产品,是最普惠的民生福祉。循环经济发展就是按照减量化、再利用、资源化的原则,组织开展循环经济,加快建设生态城市、生态农业、生态工业、生态服务业体系,提高全社会资源产出率,完善再生资源回收,实行垃圾分类回收,发展再制造和再生利用产品,大力构建循环经济模式。

一、生态城市

(一)生态城市的内涵

生态城市是一个崭新的概念,是经济发展、社会进步、生态保护三者高度和谐,自然、技术、人文充分融合,物质、能量、信息高效利用,城乡环境清洁、优美、舒适、安全,人的创造力、生产力最大限度地发挥,居民的身心健康和环境质量维护稳定的生态、高效、和谐的人类宜居美丽环境。生态城市是从全面和系统的角度运用生态学基本原理而建立的,是人与自然和谐共处、物质循环良好、能量流动畅通的生态系统。

租车点

有轨电车在城市中穿梭

（二）生态城市的特点

生态城市具有和谐性、高效性、持续性、整体性、全球性五个特点。

1. 和谐性

和谐性是生态城市的核心内容，不仅仅反映在人与自然的关系上，人与自然共生共荣，人回归自然、贴近自然，自然融入城市，更重要的是在人与人的关系上。生态城市是营造满足人类自身需求的环境，充满人情味，文化气息浓郁，人们互帮互助，富有生机与活力。文化是生态城市重要的功能，文化个性和文化魅力是生态城市的灵魂。

大理古城

大理古城

2. 高效性

生态城市的高效性，是改变现代工业城市"高能耗""非循环"的运行机制，提高一切资源的利用率，物尽其用，地尽其利，人尽其才，各施其能，各得其所，优化配置，各行业各部门关系和谐、高效。

3. 持续性

生态城市是以可持续发展思想为指导，兼顾不同时期、空间、合理配置资源，物质、能量得到多层次分级利用，废弃物循环再生，物流畅通有序，保证城市社会经济健康、持续、协调发展。

4. 整体性

生态城市不是单单追求环境优美或者繁华，而是兼顾社会、经济和环境三者的和谐发展，是在整体和谐统一的新秩序下寻求发展。

5. 全球性

生态城市是以人与自然和谐共生为价值取向的。要实现这一目标，全球必须加强合作，共享技术与资源，共建良好的生态环境、充足的绿地系统、完善的基础设施，实施有效的自然保护。

（三）生态城市的创建标准

生态城市的创建标准，要从社会生态、经济生态、自然生态三个方面来确定。社会生态的原则是以人为本，满足人的各种物质和精神方面的需求，创造自由、平等、公正、稳定的社会环境；经济生态原则是保护和合理利用一切自然资源和能源，提高资源的再生率和利用率，实现资源的高效利用，采用可持续生产、消费、交通、居住的绿色发展模式；自然生态原则，是把自然引入城市，给自然生态以优先考虑和最大限度的保护，使开发建设活动保持在自然环境所允许的承载能力范围内，减少对自然环境的消极影响，增强其健康性。

二、生态农业

（一）生态农业的内涵

现代农业在给人们带来高效的劳动生产率和丰富的物质产品的同时，也造成了生态危机，如土壤侵蚀、环境污染。面对这些问题，各国开始探索农业发展的新途径和新模式，生态农业便是世界各国的选择，为农业发展指明了正确的方向。

生态农业，是遵循生态学和经济学规律，运用现代科学技术成果和现代管理手段，以及传统农业的有效经验建立起来的，能获得较高的经济效益、生态效益和社会效益的现代化高效农业。

农田

农田

生态农业要求把发展粮食与多种经济作物生产，发展大田种植与林业、牧业、副业、渔业结合起来，又要求农业生产、加工、销售结合起来，利用传统农业精华和现代科技成果，通过协调发展与环境之间、资源利用与保护之间的矛盾，形成生态上与经济上的两个良性循环，实现经济、生态、社会三大效益的统一。随着中国城市化进程的加速和交通的快速发展，生态农业将有更为广阔的发展空间。

生态农业不同于一般农业，它不仅通过适量施用化肥和低毒高效农药等，突破传统农业的局限性，还保持了其精耕细作、施用有机肥、间作套种等优良传统。它既是有机农业与无机农业相结合的综合体，又是一个庞大的综合系统工程和高效的、复杂的人工生态系统以及先进的农业生产体系。

（二）生态农业的特点

生态农业具有综合性、多样性、高效性、可持续性的特点。

1. 综合性

生态农业强调发挥农业生态系统的整体功能，以大农业为出发点，按“整体、协调、循环、再生”的原则，全面规划，调整和优化农业结构，使农、林、牧、副、渔各业和农村一、二、三产业综合发展，并使各业之间互相支持、相得益彰，提高综合生产能力。

2. 多样性

针对我国地域辽阔，各地自然条件、资源基础、经济与社会发展水平差异较大的情况，生态农业充分吸收我国传统农业精华，结合现代科学技术，以多种生态模式、生态工程和丰富多彩的技术类型装备农业生产，使各区域都能扬长避短，充分发挥地区优势，各产业都根据社会需要与当地实际协调发展。

3. 高效性

生态农业通过物质循环、能量多层次综合利用和系列化深加工，实现经济增值，实行废弃物资源化利用，降低农业成本，提高效益，为农村大量剩余劳动力创造农业内部就业机会，保护农民从事农业的积极性。

4. 可持续性

生态农业是人们强调经济效益、社会效益和生态效益的统一，发展生态农业能够保护生态环境、防治污染、维护生态平衡，提高农产品的安全性，确保农业发展的可持续性。

（三）生态农业模式的类型

生态农业模式的分类至今尚无统一定论，下面介绍我国现有的几种生态农业模式：

1. 物质多层利用型

这是按照农业生态系统的能量流动和物质循环规律构成的一种良性循环生态农业模式，能达到高产、优质、高效、低耗的目的。

2. 生物互利共生型

利用生物群内各生物的不同生态特性及互利共生关系，增加物质生产和能量转换，这是一种适当投入、高产出、高效益、污染少的生态农业。

3. 资源开发利用与环境治理型

依据生物与环境互相影响的原理，以生态效益为主，兼顾经济效益，保持水土、净化空气、恢复或治理生态环境。

4. 观光旅游型

以当地山水资源和自然景色为依托，以农业作为旅游的主题，根据自身特点，将旅游观光、休闲娱乐、科研和生产结合为一体。

三、生态工业

（一）生态工业的内涵

生态工业就是模拟生态系统的功能，建立起相当于生态系统的“生产者、消费者、还原者”的工业生态链，以节约资源、清洁生产、低（或无）污染为要求，以现代科学技术为支撑，以工业发展与生态环境协调为目标的工业。

天津武清上马台工业园

生态工业要使工业结构生态化，通过法律、行政、经济等手段，把工业系统的结构规划成“资源生产”“加工生产”“还原生产”三大工业部分构成的工业生态链。其中，资源生产部门相当于生态系统的初级生产者，主要承担不可更新资源、可更新资源的生产和永续资源的开发利用，并以可更新的永续资源逐渐取代不可更新资源为目标，为工业生产提供初级原料和能源。加工生产部门相当于生态系统的消费者，以生产过程无浪费、无污染为目标，将资源生产部门提供的初级资源加工转换成满足人类生产生活需要的工业品。还原生产部门将各副产品再资源化，或做无害化处理，或转化为新的工业品。

（二）生态工业的特点

生态工业要求综合运用生态规律、经济规律和一切有利于工业生态经济协调发展的现代科学技术。它具有以下特点：

1. 耦合性

生态工业是协调工业的生态、经济和技术关系，促进工业生态经济系统的人流、物质流、能量流、信息流和价值流的合理运转和系统的稳定、有序、协调发展，建立宏观的工业生态系统的动态平衡，从战略上重视环境保护和资源的节约、循环利用，有利于工业的可持续发展。

2. 效益性

生态工业从经济效益和生态效益并重出发，对资源进行合理开采，从而形成生态工业链，达成资源的集约利用和循环使用。

3. 适应性

生态工业通过生态工艺关系，尽量延伸资源的加工链，最大限度地开发利用资源，从而既获得了价值增值，又保护了环境。这种合理的产出结构和产出布局，与其所处的生态系统相适应。

（三）生态工业园

生态工业园是继经济技术开发区、高新技术产业开发区之后我国的第三代产业园区。生态工业园是以生态工业理论为指导，着力于园区内生态链和生态网的建设，最大限度地提高资源利用率，从工业源头上将污染物排放量减至最低，实现清洁生产。与传统的“设计、生产、使用、废弃”生产方式相比，生态工业园区遵循的是“回收、再利用、设计、生产”的循环经济模式。它仿照自然生态系统物质循环方式，使不同企业之间形成共享资源和互换副产品的产业共生组合，使上游生产过程中产生的废物成为下游生产的原料，达到相互间资源的最优化配置。

四、生态服务业

（一）生态服务业的内涵

生态服务业就是以生态学理论为指导，依靠技术创新和管理创新，按照服务主体、服务途径、服务客体的顺序，围绕节能、降耗、减污、增效和企业形象等方面，通过实现物质和能量在输入端、过程中和输出端的良性循环，发展节约型社会。

生态服务业是循环经济的有机组成部分，包括清洁交通运输、绿色科技教育服务、绿色商业服务和绿色公共服务等。这些相关部门本身要尽可能地实现资源循环利用、综合利用和清洁生产，同时要发展生态农业和生态工业以及建设生态城市服务。

（二）生态服务业的特点

生态服务业的核心就是产业链循环系统以循环经济的理念为导向。与传统服务业相比，生态服务业有着自身鲜明的特点：

1. 资源循环利用模式化

生态服务业强调服务业生产循环中的资源再生利用，即一种可持续发展模式，包括涵养水源、保育土壤、改善空气质量、维持生物多样性、提供景观游憩服务等。

2. 经营理念生态化

生态服务业着重于结合循环经济发展模式的特点，力求通过生态服务业的建设，促进生态农业与生态工业的建设，从而推动整个生态经济的发展。生态服务业要为发展生态农业和生态工业以及建设生态城市服务，这就要求生态服务业自身发展理念要以生态理论为指导，即其自身经营理念的生态化。

3. 服务主体耦合化

服务业的服务主体在生产和经营的同时必然与其他产业进行资源、产品、能量的交错流动，而且循环经济本身也要求社会生产各组成部分构筑起最优化的产业链和物质、能量循环流动量。因此，服务业与其他行业之间的生态化耦合是必不可少的要素之一。

4. 服务途径清洁化

服务企业通过一定的方式和途径为人们日常生活提供服务，如餐饮企业通过膳食原料的采集、调配和烹饪等工序来满足人们的饮食需求；宾馆旅店通过客房布置、寝食安排、用具供给等为住客提供洗漱、餐饮、休息等生活服务。由此可见，服务方式和服务途径的选择是服务企业展示服务质量的重要方面，也是服务企业创建服务品牌的重要内容，更是服务企业生态化建设的关键。因此，实现服务途径清洁化是服务企业实现生态化转向的重要标志之一。在餐饮宾馆业中，开辟“绿色客房”、开设绿色餐厅、提供打包服务、按顾客意愿提供一次性用具等是清洁化服务途径的主要形式。

5. 消费模式绿色化

生产决定消费，消费反作用于生产。消费者的消费行为对服务企业进行服务产品的开发和服务途径的优化具有很强的引导作用。因此，引导消费者改变传统消费模式，推行绿色消费是服务企业生态化建设的重要途径之一。绿色消费有三层含义：一是倡导消费者在消费时选择未被污染或有助于公众健康的绿色产品；二是在消费过程中注重对废弃物的处置，不造成环境污染；三是引导消费者转变消费观念，向崇尚自然、追求健康的方向转变，在追求生活舒适的同时，注重保护环境、节约资源和能源，实现可持续消费。

（三）生态服务业的作用

生态服务业为推进绿色经济发展拓宽了渠道，为人们就业增收提供了场地，同时也为改善人居环境创造了条件。

知识链接

《中华人民共和国清洁生产促进法》

《中华人民共和国清洁生产促进法》是第一部以推行清洁生产为目的的法律，于2002年6月29日全国人民代表大会通过，自2003年1月1日起施行；2012年2月29日修正，自2012年7月1日起施行。这部法律对服务业领域实施清洁生产提出了原则性要求。在该法律的促进下，我国颁布了诸如《绿色市场认证实施规则》《绿色饭店评估细则》等相关行业标准，要求服务业主体开展清洁生产实践，例如大中型贸易市场或商场采取实施连锁经营、建设绿色市场、建立市场废弃物回收再生利用机制、扩大市场上商品中带有绿色标志或环境标志产品的比例、用可降解塑料袋替换长期使用的难降解塑料袋、推行包装简单化和绿色化、使用节能电器和节水器具等措施促进服务主体生态化建设。

实践体验

调查学校附近农作物的生态化情况

实践体验准备：

1. 做好前期宣传工作，让学生了解这次实践体验的目的、内容、意义，大家都关注生态农业。

2. 成立小组，确定各组小组长，并明确各小组成员的工作任务。

实践体验流程：

1. 确定调查的地点，拟订调查计划。

2. 实地调查农作物的耕种情况，并做好记录。
3. 对农作物生态情况进行分析。

实践体验评价：

序号	评 价 指 标	评 价 标 准	效果评价(是/否)
1	农作物使用化肥、农药调查情况	化肥、农药有害成分含量符合国家标准	
2	农作物耕作过程生态化	从身边人开始宣传	
3	实践体验	尝试自己耕种少量农作物	

实践体验反思：

1. 我们在调查农作物的过程中遇到什么问题？如何解决？
2. 我对本次实践体验感到：

很满意□　　满意□　　不满意□

第三节 低碳经济

学习目标

(1) 理解低碳经济的内涵。
(2) 了解低碳经济的由来和发展、意义发展路径。
(3) 树立低碳发展的理念。

随着资源环境与经济发展矛盾的日益突出，以低能耗、低物耗、低排放、低污染为特征的低碳经济是未来经济发展方式的新选择和新走向。

一、低碳经济的内涵

低碳经济是指在可持续发展理念指导下，通过技术创新、制度创新、产业转型、新能源开发等多种手段，尽可能地减少煤炭、石油等高碳能源消耗，减少温室气体排放，达到经济社会发展与生态环境保护双赢的一种经济发展形态。低碳经济的实质是能源高效利用、清洁能源开发、追求绿色GDP的问题，核心是能源技术和减排技术创新、产业结构和制度创新以及人类生存发展观念的根本性转变。

低碳经济，一方面是积极承担环境保护责任，完成国家节能降耗指标的要求；另一方面是调整经济结构，提高能源利用效益，发展新兴工业，建设生态文明。这是摒弃以往先污染后治理、先低端后高端、先粗放后集约的发展模式的现实途径，是实现经济发展与资源环境保护双赢的必然选择。

低碳经济，要求每一个人都是低碳经济的参与者，低碳经济与每一个人息息相关，并以减少碳排放作为第一要义，诸如“光盘”行动、节水节电、节能建筑、开新能源汽车、资源回收、使用节能材料等。

二、低碳经济的由来和发展

低碳经济是以低能耗、低污染、低排放为基础的经济模式，是人类社会继农业文明、工业文明之后的又一次重大进步。“低碳经济”提出的大背景，是全球气候变暖对人类生存和发展的严峻挑战。

“低碳经济”最早见于英国政府2003年的《能源白皮书》中，该书阐述了英国建设一个低碳经济的目标和愿景。2008年的世界环境日主题为“转变传统观念，推行低碳经济”，更是希望国际社会重视并采取措施使低碳经济的共识纳入经济发展。

低碳经济的起点是统计碳源和碳足迹。二氧化碳有三个重要的来源，其中，最主要的碳源是火电排放，占二氧化碳排放总量的30％以上；增长最快的则是汽车尾气排放，占比25％，特别是在我国汽车销量开始超越美国的情况下，这个问题越来越严重；建筑排放占比27％，随着房屋数量的增加而增加。

人类社会伴随着生物质能、风能、太阳能、水能、地热能、化石能、核能等的开发和利用，逐步从原始社会的农业文明走向现代化的工业文明。随着全球人口数量的上升和经济规模的不断增长，化石能源等常规能源的使用造成的环境问题及后果不断地为人们所认识。废气污染、光化学烟雾、水污染和酸雨的危害，以及大气中二氧化碳浓度升高将带来的全球气候变化，已被确认为是人类破坏自然环境、不健康的生产生活方式和过度利用常规能源所带来的严重后果。在此背景下，“碳足迹”“低碳经济”“低碳技术”“低碳发展”“低碳生活方式”“低碳社会”“低碳城市”“低碳世界”等一系列新概念、新政策应运而生。能源与经济实行大变革的结果，可能将为逐步迈向生态文明走出一条新路，即摒弃20世纪及以前的传统增长模式，直接应用新世纪的创新技术与创新机制，通过低碳经济模式与生活方式，实现社会可持续发展。

低碳经济是一种新的发展模式，将催生新一轮的科技革命，以低碳经济、生物经济为主导的新能源、新技术将改变未来的世界经济版图；低碳经济将催生新的龙头产业和新的经济增长点。近年来，我国在调整经济结构、发展循环经济、节约能源、提高效能、发展可再生能源、优化能源结构等方面采取了一系列措施，取得了显著的成果。习近平同志在不同场合多次强调要积极推动绿色、循环、低碳发展，这充分体现了我国实现科学发展、加快发展的意愿。我国发展低碳经济将走在世界的前列，成为世界低碳经济的领跑者。

三、低碳经济的意义

（一）低碳经济是提高能源效率和清洁能源结构的根本途径

低碳经济是通过更少的自然资源消耗，以及更少的环境污染，获取更多的经济产出。也就是通过提高能源利用效率和清洁能源结构来最大限度地减少温室气体排放，从而实现人与自然的和谐发展、可持续发展。

（二）低碳经济是能源技术创新和制度创新的客观要求

能源技术的创新为低碳经济的发展产生源源不断的动力，而制度的创新又为低碳经济的发展保驾护航，只有能源技术创新和制度创新紧密结合起来，才能推进低碳经济的健康发展，低碳经济的发展将推动能源技术创新和制度创新。

（三）低碳经济是减缓气候变化影响人类的必然选择

低碳经济是一种以低能耗、低排放、低污染为特征的生态经济发展模式，目标是通过节能减排、开发低碳能源、创新低碳技术等具体措施，减缓环境污染，减缓气候变化对人类社会造成的不良影响，促进人类社会的可持续发展。

四、低碳经济的发展路径

（一）转变经济增长方式

按照低碳经济低能耗、低排放、低污染的要求，调整投资、出口和消费这“三驾马车”的重点和方向，进一步优化经济结构，依靠“三驾马车”的强劲牵引，破解资源能源环境问题，促进低碳经济的可持续发展。

（二）调整产业结构

加快产业结构的战略性调整，关键是推动产业升级。首先是服务业的升级，知识、技术、合理交集型的现代服务业将成为拉动低碳经济增长的主要力量。其次，要培育发展新兴产业和高技术产业、节能环保产业、电子信息产业等，使之成为发展低碳经济的重要动力。

（三）开发低碳技术

低碳经济的支撑是低碳技术。目前，我国需要研究开发创新能源利用技术、新材料技术、生态恢复技术、再利用技术、生物技术、绿色消费技术等，有效发挥先进技术在节能中的特殊作用，促进清洁生产，提高能源使用效率，控制温室气体排放。

（四）发展低碳能源

低碳能源是低碳经济的基本保证。节能减排的一个重要途径是优化能源结构，发展低碳能源，控制温室气体排放，保障能源供应安全。积极发展水电、核电和可再生能源利用，实现能源的多元化、清洁化和低碳化。

（五）加强国际合作

低碳经济的发展离不开各国之间的合作，我国要在低碳经济、自然生态、污染防治、城市规划、环境研究、环境教育等方面开展国际环保合作项目，吸引不同国家的环保知名人士参与合作，为环保产业做贡献。

知识链接

低碳城市

所谓“低碳城市”，是指在经济高速发展的前提下，城市保持消耗和二氧化碳排放处于低水平。“低碳城市”的理念应该融入经济社会发展的各方面，渗透到生产生活各领域，如在城市非主干道路、广场、办公楼空间、庭院、公园等地可采用太阳能照明；在宾馆饭店、洗浴中心采用太阳能加电辅助热水系统；地源热泵、水源热泵的应用，垃圾填埋场的填埋气体回收利用等。气候组织的报告认为，在以“低排放、高能效、高效率”为特征的“低碳城市”中，通过产业结构的调整和发展模式的转变，低碳经济不会放慢经济增长速度，反而会促进经济的新一轮高增长，并增加就业机会，改善生活水平。

实践体验

低碳校园，共同参与

实践体验准备：

1. 做好前期宣传，让学生了解这次实践体验的目的、内容、意义，认识减碳的必要性，树立减碳意识，让减碳意识更加深入人心。

2. 分组，确定组长，明确组长职责以及各成员的工作任务。

实践体验流程：

1. 拟订总体计划，根据计划确定各组任务。

2. 各组按计划进行，并做好相关记录。

3. 做好归纳总结，对表现突出人员进行表彰。

实践体验评价：

序号	评价指标	评价标准	效果评价(是/否)
1	计划、任务，组织动员	合理、有效	
2	参与情况	人人参与	
3	活动效果	低碳校园意识深入人心	

实践体验反思：

1. 我在低碳校园活动中遇到什么情况？如何解决？

2. 我对本次实践体验感到：

很满意□　　满意□　　不满意□

第四章

生态安全

生态安全与国防安全、经济安全一样，是国家安全基础性的组成部分，是人类赖以生存、发展的物质基础，是经济社会发展的保障。当一个国家或地区所处的自然生态环境能够维系经济社会的可持续发展时，其生态就是安全的。维护生态安全是践行创新、协调、绿色、开放、共享的新发展理念的必然要求。

第一节 生态危机

学习目标

（1）理解生态危机的内涵。

（2）了解生态危机的特征。

（3）了解人类面临的生态危机，保护生态环境。

一、生态危机的内涵

生态平衡失调，从而威胁到人类的生存，被称为生态危机。也就是说，生态危机并不是一般意义上的自然灾害问题，而是由于人类的活动所引起的环境质量下降、生态秩序紊乱、生命保障体系瓦解，从而威胁人类的生存和发展。例如，全球气候变暖而带来的草原退化、水土流失、沙漠扩大、酸雨严重、冰川融化、物种灭绝加速等，都是影响地球的生态危机。

二、生态危机的特征

（一）人为性

生态危机是人们的活动使生态系统失去平衡，进而走向崩溃覆灭的危机，因而具有人为性。

（二）系统性

任何一个生态危机都不是孤立的，而是整个生态系统遭到破坏之后所反映出来的。目前，人类面临的生态危机已经遍布了整个地球的地圈、水圈、大气圈。例如，地圈有水土流失、沙漠化加速等生态危机，水圈有海平面上升、水生物种灭绝加速等生态危机，大气圈有臭氧层空洞、酸雨等生态危机。

（三）长期性

一旦生态系统的循环、稳定遭到严重破坏，则几年、几十年甚至几百年都难以恢复，都造成不可预料的后果。

三、人类面临的生态危机

进入 21 世纪，全球化进程加快，在此进程中，全球环境问题对人类生存的威胁越来越大，已经引起了世界各国的重视。

（一）大气污染

大气给人类提供了一刻都不可缺少的氧气。大气污染又称为空气污染，是指人类在生产、生活过程中或自然界自行向大气排放污染物，导致大气环境恶化，从而影响并破坏人们的身体健康、生活和工作。导致大气污染的因素有自然因素和人为因素两种。自然因素是自然界本身向大气排放二氧化碳、一氧化碳以及有毒灰尘等，如森林火灾、火山爆发、地震、泥石流向大气排放有毒气体等。人为因素是人们在生产、生活中向大气排放污染物，如工业废气、生活燃煤废气、汽车尾气。已知的大气污染物有100多种，主要有烟雾、降尘、飘尘、悬浮物等。由于大气污染以人为的为主，所以在大气污染防治上必须控制人为因素。

大气污染

（二）臭氧层破坏

臭氧层是人类赖以生存的保护伞。臭氧层对太阳紫外线有极强的吸收作用，能防

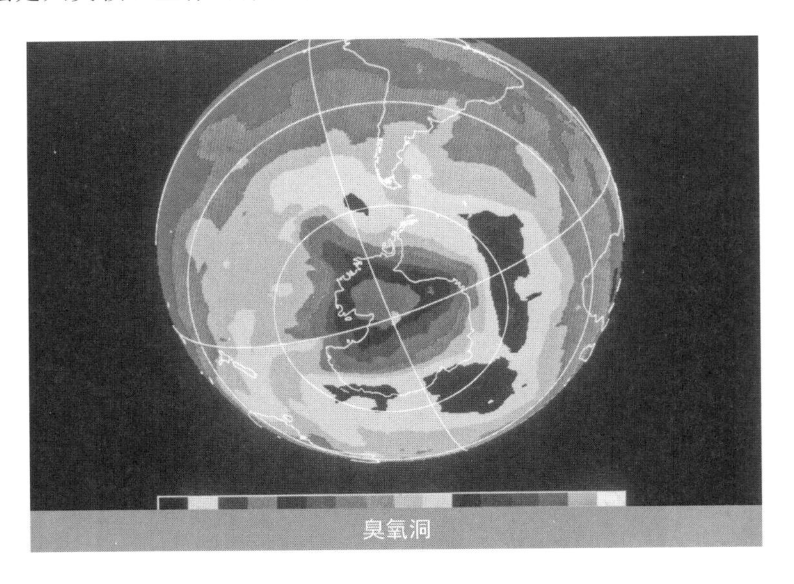

臭氧洞

止太阳光的大量紫外线辐射地面，以保护生物的生存。否则，臭氧层中臭氧减少，照射到地面的太阳光紫外线增强，对生物圈中的生态系统就会产生有害影响。因此，防止臭氧层的破坏，对生态系统保护具有重要的意义。

（三）温室效应加剧

温室效应，本来是一种自然现象，但由于人类的生产活动日趋频繁，导致温室气体不断增加，进而导致全球气候变暖加剧，从而对全球生态环境、社会经济产生一系列重大的影响。20 世纪，全球的地面空气温度平均上升了 0.4℃—0.8℃。北半球春天冰雪解冻期比 150 年前提前了 9 天，而秋天霜冻的时间却晚了大约 10 天。

瓦特纳冰川国家公园

瓦特纳冰川国家公园

（四）土地荒漠化

土地又叫土壤层，土壤不但为植物生长提供机械支持，并为植物生长提供所需的要

干旱的沙漠

素。因此，土壤对于人类和陆生动植物生存与发展极为关键。土地荒漠化，是指由于大风吹蚀、流水冲刷、土壤盐渍化等造成的土壤因生产力下降、表面沙化而成为不毛之地。据 1998 年的统计，我国荒漠化土地面积达 262.2 平方千米，占国土面积的 27.4%，近 4 亿人口受到荒漠化的影响，其中，因荒漠化造成的直接经济损失约为 541 亿人民币。

（五）雾霾严重

雾霾，是雾和霾的混合物。雾是由大量悬浮在空气中的微小水滴或冰晶组成的气溶胶系统，多发生于秋冬季节，雾是自然天气现象，雾的存在会降低空气透明度。霾是空气中的灰尘、硫酸及硫酸盐颗粒物、硝酸及硝酸盐颗粒物等颗粒物组成的气溶胶系统造成的视程障碍。霾使大气混沌，对人体有不可逆的伤害。雾霾是特定气候条件与人类活动相互作用的结果，造成空气质量下降，给人体健康带来危害。中国不少地区把阴霾天气现象与雾一起作为灾害性天气预警预报，统称为“雾霾天气”。

雾霾

（六）酸雨蔓延

酸雨是指大气降水中的酸碱度（pH）低于 5.6 的雨、雪或其他形式的降水，是大气污染的一种表现。大气中大部分硫和氮的化合物是人为活动产生的，而化石燃料造成的二氧化硫（SO_2）与氮的氧化物（如 NO、NO_2、N_2O_3）的排放是产生酸雨的根本原因。

酸雨会导致土壤酸化、土壤贫瘠化，从而影响植物的生长；酸雨降落到河流、湖泊中会妨碍水中鱼、虾的生存，甚至使其绝迹；酸雨还会腐蚀建筑材料。世界上目前已形成的西北欧地区、北美洲地区、东亚地区三大酸雨区。防治酸雨是一个全球性的环境问题，必须由世界各国共同采取对策。

（七）水污染

水是生命的源泉，是生命存在与经济发展的必要条件。水污染一般可以分为自然污染和人为污染。自然污染是指由于某些地质或自然条件，使一些化学元素富集，或天

酸雨

下水道

然植物腐烂产生的某些有毒物质进入水体，从而对水质造成污染。人为污染则是人类的活动对水体造成的污染。人为污染是当前最主要的污染来源，造成了包括农业污水、工业废水、生活污水等在内的各种污废水。

水污染已成为世界性的灾难，已成为世界最为紧迫的、影响人类生存的危机之一。针对水污染的成因及特点，世界各国积极开展工业废水治理、农业污水处理、生活污水处理与资源化、水质净化与生态修复。

（八）生物多样性减少

生物多样性是人类赖以生存的生物资源。生物多样性的减少会影响生态系统的生产力，进而降低自然界向人类提供物质和服务的能力。保护和拯救生物多样性，也就是保护和拯救人类的生存环境。

地球上生态系统的多样性正遭受破坏，表现在量的减少和质的退化两个方面。被称为“自然之肾”的湿地在蓄洪防旱、调节气候、控制土壤侵蚀、降解环境污染等方面起着极其重要的作用，同时也是被人类开发最剧烈的生态系统之一。

生物物种的灭绝是自然过程，但灭绝的速度则因人类活动对地球的影响而大大加速，野生动植物的种类和数量在以惊人的速度减少。从 1600 年以来的生物灭绝，被称为地质史上的第 6 次生物大灭绝，其灭绝量是以往地质年代“自然”灭绝的 100—1 000 倍。据科学家估计，自 1600 年以来，人类活动已经导致 75％的物种灭绝。鸟类和兽类在 1600—1700 年的 100 年，灭绝率分别为 2.1％和 1.3％，即大约每 10 年灭绝 1 种，而在 1850—1950 年，灭绝率上升到大约每 2 年灭绝 1 种。从 1992—2002 年的 10 年，全球有 800 多个物种灭绝，1.1 万多个物种濒危。

（九）森林锐减

森林是人类赖以生存和发展的资源和环境。森林锐减是指人类过度采伐森林或自然灾害所造成的森林大量减少的现象。由于人类大量砍伐森林，导致水土流失和物种减少严重，植物对二氧化碳的吸收量减少，进而加剧了温室效应。

根据 2015—2020 年的数据来看，每年的森林砍伐率估计为 1 000 万公顷。由于人类大量砍伐森林，导致水土流失和物种减少严重，植物对二氧化碳的吸收量减少，进而加剧了温室效应。

除了人类砍伐森林，在自然状态之下，森林的损失也不少。那就是随着全球变暖的加剧，一些森林地带出现了严重缺水的情况，这就演变出了干旱的模式，这样在“高温＋干旱”的双重影响之下，森林就容易引发火灾，最为明显的例子就是 2019 年亚马逊热带雨林的燃烧，引发了全球性的轰动。

（十）海洋污染

随着社会经济的发展，人类在生产和生活过程中产生的废弃物越来越多，大部分直接或间接进入海洋，导致海洋受到了污染。海洋污染给人类和海洋带来许多危

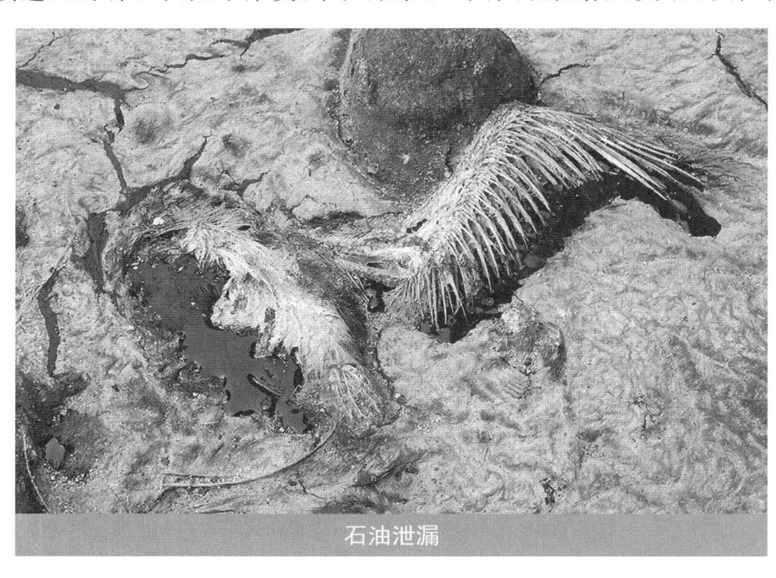

石油泄漏

害，破坏了海洋的生态平衡。污染最严重的海域有波罗的海、地中海、东京湾、纽约湾、墨西哥湾等，我国的渤海湾，以及靠近我国的黄海、东海、南海也受到不同程度的污染。2023年，日本核污水排海，将给太平洋及环太平洋国家乃至全世界造成深重的灾难。

知识链接

太阳能发电

太阳能发电是指光能转变为电能的发电方式，是一种新兴的可再生能源，如光伏发电、光化学发电、光感应发电等。太阳能资源丰富，对环境无任何污染。太阳能使人类社会进入一个节约能源、减少污染的时代。

实践体验

学校附近水资源的污染情况调查

实践体验准备：

1. 做好前期宣传，让学生了解这次实践体验的目的、内容、意义，使学生都来关心、保护水资源。

2. 分小组，确定小组长，明确组长职责以及各小组成员的工作任务。

实践体验流程：

1. 确定调查水资源的地点，拟订调查计划。

2. 实地调查水资源的污染情况，并做好记录。

3. 对水资源污染情况进行分析。

实践体验评价：

序号	评价指标	评价标准	效果评价(是/否)
1	水资源污染调查情况	客观、公平、公正	
2	保护水资源	从我做起，从现在做起	
3	实践体验	节约用水	

实践体验反思：

1. 我在调查水资源的过程中遇到了什么情况？如何解决？

2. 我对本次实践体验感到：

很满意□ 满意□ 不满意□

第二节 生态修复

 学习目标

（1）理解生态修复的内涵。
（2）了解生态修复的措施。
（3）强化热爱大自然的情感。

21世纪之初，联合国发布《千年生态环境评估报告》，该报告在全球各地收集了所有已知环境恶化的各种资料，并进行了多方面的综合评估，认为人类的活动给地球生态环境造成了巨大破坏，人类对生态系统的影响比以往任何时候都快速和广泛；全球生态系统许多功能的退化将进一步加剧，如果不重视全球生态系统的保护与修复，将危及人类的生存与发展。

一、生态修复的内涵

生态修复，就是根据生物群落演替的基本规律，采用相关的技术手段对生态系统的基本功能进行修复，然后再按照由简单到复杂的顺序恢复其物种组成及结构，实现生物多样性丰富、生态系统趋于平衡、生产力高的目的。比如，植物修复技术包括利用植物固定或修复重金属污染土壤、利用植物净化水体和空气、利用植物清除放射性核素、利用植物及其共存微生物体系净化环境中的有机污染物等。

二、生态修复的措施

2015年4月25日，中共中央、国务院出台了《关于加快推进生态文明建设的意见》，全文九个部分三十五条，其中第五部分开篇指出：良好生态环境是最公平的公共产品，是最普惠的民生福祉。要严格源头预防、不欠新账，加快治理突出生态环境问题、多还旧账，让人民群众呼吸新鲜的空气，喝上干净的水，在良好的环境中生产生活。下面是《关于加快推进生态文明建设的意见》列出的三条措施。

（一）保护和修复自然生态系统

加快生态安全屏障建设，形成以青藏高原、黄土高原—川滇、东北森林带、北方防沙带、南方丘陵山地带、近岸近海生态区以及大江大河重要水系为骨架，以其他重点生态

塞罕坝国家森林公园

塞罕坝国家森林公园

沙漠治理

沙漠治理

功能区为重要支撑，以禁止开发区域为重要组成的生态安全战略格局。

实施重大生态修复工程，扩大森林、湖泊、湿地面积，提高沙区草原植被覆盖率，有序实现休养生息。加强森林保护，将天然林资源保护范围扩大到全国；大力开展植树造林和森林经营，稳定和扩大退耕还林范围，加快重点防护林体系建设；完善国有林场和国有林区经营管理体制，深化集体林权制度改革。严格落实禁牧休牧和草畜平衡制度，加快推进基本草原划定和保护工作；加大退牧还草力度，继续实行草原生态保护补助奖励政策；稳定和完善草原承包经营制度。启动湿地生态效益补偿和退耕还湿。加强水生生物保护，开展重要水域增殖放流活动。

继续推进京津风沙源治理、黄土高原地区综合治理、石漠化综合治理，开展沙化土地封禁保护试点。加强水土保持，因地制宜推进小流域综合治理。实施地下水保护和超采漏斗区综合治理，逐步实现地下水采补平衡。强化农田生态保护，实施耕地质量保护与提升行动，加大退化、污染、损毁农田改良和修复力度，加强耕地质量调查监测与评价。

实施生物多样性保护重大工程，建立监测评估与预警体系，健全国门生物安全查验机制，有效防范物种资源丧失和外来物种入侵，积极参加生物多样性国际公约谈判和履约工作。加强自然保护区建设与管理，对重要生态系统和物种资源实施强制性保护，切实保护珍稀濒危野生动植物、古树名木及自然生境。建立国家公园体制，实行分级、统一管理，保护自然生态和自然文化遗产原真性、完整性。研究建立江河湖泊生态水量保障机制。加快灾害调查评价、监测预警、防治和应急等防灾减灾体系建设。

（二）全面推进污染防治

按照以人为本、防治结合、标本兼治、综合施策的原则，建立以保障人体健康为核心、以改善环境质量为目标、以防控环境风险为基线的环境管理体系，健全跨区域污染防治协调机制，加快解决人民群众反映强烈的大气、水、土壤污染等突出环境问题。继续落实大气污染防治行动计划，逐渐消除重污染天气，切实改善大气环境质量。实施水污染防治行动计划，严格饮用水源保护，全面推进涵养区、源头区等水源地环境整治，加强供水全过程管理，确保饮用水安全；加强重点流域、区域、近岸海域水污染防治和良好湖泊生态环境保护，控制和规范淡水养殖，严格入河（湖、海）排污管理；推进地下水污染防治。制订实施土壤污染防治行动计划，优先保护耕地土壤环境，强化工业污染场地治理，开展土壤污染治理与修复试点。加强农村污染源防治，加大种养殖业特别是规模化畜禽养殖业的污染防治力度，科学施用化肥、农药，推广节能环保型炉灶，净化农产品产地和农村居民生活环境。加大城乡环境综合整治力度。推进重金属污染治理。开展矿山地质环境恢复和综合治理，推进尾矿安全、环保存放，妥善处理处置矿渣等大宗固体废物。建立健全化学品、持久性有机污染物、危险废物等环境风险防范与应急管理工作机制。切实加强核设施运行监管，确保核安全万无一失。

黄河

黄河

污水处理厂

污水处理厂

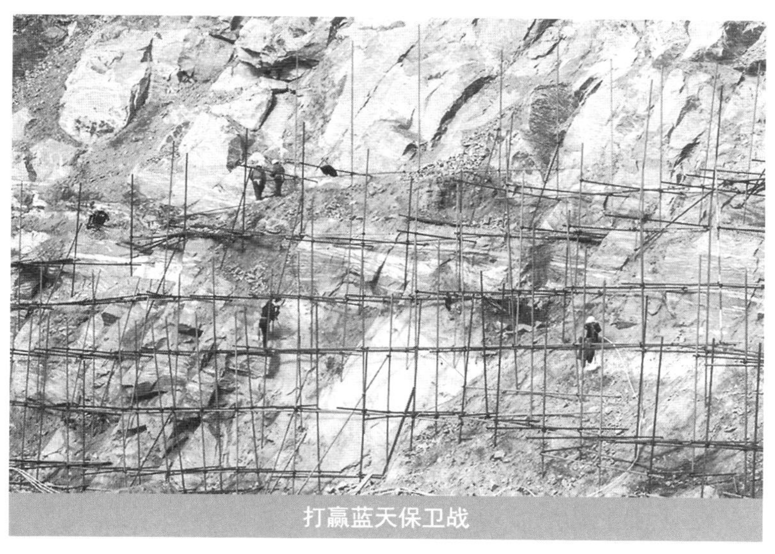

打赢蓝天保卫战

打赢蓝天保卫战

（三）积极应对气候变化

坚持当前和长远相互兼顾、减缓适应并全面推进，通过节约能源和提高能效，优化能源结构，增加森林、草原、湿地、海洋碳汇等手段，有效控制二氧化碳、甲烷、氢氟碳化物、全氟化碳、六氟化硫等温室气体排放。提高适应气候变化特别是应对极端天气和气候事件能力，加强监测、预警和预防，提高农业、林业、水资源等重点领域和生态脆弱地区适应气候变化的能力。扎实推进低碳省区、城市、城镇、产业园区、社区试点。坚持共同但有区别的责任原则、公平原则、各自能力原则，积极并建设性地参与应对气候变化国际谈判，推动建立公平合理的全球应对气候变化格局。

知识链接

生态意识

生态意识指人们在人与自然互依互存、正确认识的基础上，形成的更为理性的共存共生的思想态度和价值观。换句话说，生态意识一般是指对生态环境及人与生态环境关系的感觉、思维、了解和关心，是一种包括人与自然环境共存、和谐发展的价值理念，是现代社会人类文明的重要标志。生态意识包括生态危机意识、生态保护意识、生态文明意识。生态危机意识是人们面对生态环境污染越来越严重、资源日趋枯竭而产生的危机感和思维。生态保护意识是人们制止环境污染、保护环境的感觉和思维。可以说，生态危机意识、生态保护意识是生态意识的初级阶段，而生态文明意识是高级阶段的价值理念。

实践体验

打造宿舍优美环境

实践体验准备：

1. 确定活动地点为宿舍。
2. 确定分组，每个宿舍的舍员为一组，舍长为小组长。
3. 准备装饰品、纸张、颜料、剪子、毛绒玩具等。

实践体验流程：

1. 宿舍物品摆放整齐，地面清扫整洁。
2. 在宿舍内张贴宿舍规章制度。
3. 布置名言名句励志墙贴。
4. 布置体现专业特色的装饰品等。

实践体验评价：

序号	评价指标	评价标准	效果评价（是/否）
1	宿舍内整体布局	布局美观、大方、整洁、卫生	
2	特色	体现专业，装饰妥当，给人以温馨感	
3	布置内容	健康向上，有人文气息	

实践体验反思：

1. 我在本次打造宿舍优美环境的活动中遇到什么困难？如何解决？
2. 我在宿舍规章制度的制定过程中有哪些体会？
3. 我对本次实践体验感到：

很满意□　　满意□　　不满意□

第三节　生态文明法治

学习目标

(1) 认识坚持生态法治观是功在当代、利在千秋的事业。

(2) 了解并拥护生态法治与决策。

(3) 增强生态法治意识，知法、守法、护法、执法。

一、坚持生态法治观

建设生态文明是关系人民福祉、民族未来的长远大计。生态环境保护是功在当代、利在千秋的事业，是民意所在、民心所向。因此，公民必须树立生态意识，坚持生态法治观，立法、普法、守法、护法、执法，最终使社会形成人与自然协调、和谐发展的生态价值观。

(一) 完善立法

1. 把可持续发展作为环境保护立法的基本准则

我国已经基本形成了以《中华人民共和国宪法》为核心，以《中华人民共和国环境保护法》为基本法，以环境与资源保护的有关法律、法规为主要内容的法律体系。但在社会经济迅速发展的今天，环境污染及自然资源破坏也日趋严重。因此，进一步制定、修改、补充、完善保护生态环境的各项立法已是必然趋势，制定包括环境保护法、水污染防治法、水污染防治法实施细则、大气污染防治法、大气污染防治法实施细则、固体废物污染环境防治法、环境噪声污染防治法、海洋环境保护法、森林法、草原法、渔业法、农业法、矿产资源保护法、土地管理法、水法、水土保持法、野生动物保护法等相关法律。

2. 注重生态环境保护立法的优先性

生态环境保护立法应按照"预防为主，保护优先"的要求，坚持防治并重、城镇与农村并举、统筹兼顾、综合决策，丰富环境保护立法的内容，做到经济发展与自然资源开发保护同时进行，增加环保投入。

3. 提高生态环境立法的可操作性

迄今为止，我国尚无一个环境仲裁法规或实施细则，在实践中无法可依，难以操作，应制定相应的具有可操作性的环境仲裁法规，以确保生态环境保护规范的实施。

(二) 宣传普法

生态文明建设是一项复杂而庞大的系统工程，各级党委政府、社会组织、企业、学校、公民都是生态文明建设的主体，必须加大普法力度，充分发挥学校课堂主阵地作用，宣传生态法律法规知识，增强生态保护意识；充分发挥党报党刊、电视、广播、互联网、客户端等媒体的作用，全方位、多形式开展生态环境保护宣传教育，做到家喻户晓，人人自觉地参与到生态环境建设中，倡导绿色生活、绿色消费，开创中国特色社会主义生态文明新时代。

(三) 人人守法

目前，生态环境守法的现状告诉我们，如果人们没有守法意识，那么再完善的生态法律法规也只是纸上谈兵、雾里看花。因此，必须增强人们的守法意识，增强对环境问题的关注和解决环境问题的自觉行动。只有这样，生态环境保护的法治才能得以实现。

(四) 严格执法

要严格实行"生态法治观"，对那些危及生态环境、破坏生态环境资源的人，必须追究其责任，严重的违法分子务必绳之以法，确保为青山绿水筑起一道坚不可摧的铜墙铁壁。

同时，要进一步加大各级权力机关、人民团体以及广大人民群众对生态环境保护执法的监督力度，切实纠正有法不依、执法不够、违法不究、以罚代法、以权代法的不良倾向，强化破坏生态环境的法律责任追究。

二、完善生态环境决策

生态环境决策，就是指以生态价值理念为指导，在开发与社会发展等决策活动中把生态环境因素作为决策的最基本因素予以考虑的决策论证、评价以及实施的过程。生态环境决策的目的就是综合考虑在资源开发过程中生态环境的稳定性、生态与发展的可持续性统一等。生态环境决策，应做到依法决策、民主决策、科学决策。

(一) 依法决策

依法决策是规范生态环境决策的基本前提，依法决策就是要严格遵守法定的权限、履行法定程序、保证决策内容符合法律和法规，在法律、法规、制度面前人人平等，并建立完善政府问责制，增强决策者的责任心，避免决策者的失误及失察。真正做到谁失误追责谁，谁失察谁受惩罚。

(二) 民主决策

民主决策是实现决策者价值取向的关键。决策者不但要依法决策，而且需要民主决策，要开展专家咨询活动，调动公民参与生态环境决策、管理、监督的权利和义务的积极性，自觉参与生态环境保护，改善生态环境质量。

(三) 科学决策

党的十八大报告指出："面对资源约束趋紧、环境污染严重、生态系统退化的严峻形势，必须树立尊重自然、顺应自然、保护自然生态文明理念，把生态文明建设放在突出地位，融入经济建设、政治建设、文化建设、社会建设各方面和全过程，努力建设美丽中国，实现中华民族永续发展。"党的十九大报告指出："人与自然是生命共同体，人类必须尊重自然、顺应自然、保护自然。人类只有遵循自然规律才能有效防止在开发利用自然上走弯路，人类对大自然的伤害最终会伤及人类自身，这是无法抗拒的规律。”党的二十大报告进一步指出：“大自然是人类赖以生存发展的基本条件。尊重自然、顺应自然、保护自然，是全面建设社会主义现代化国家的内在要求。必须牢固树立和践行绿水青山就是金山银山的理念，站在人与自然和谐共生的高度谋划发展。我们要推进美丽中国建设，坚持山水林田湖草沙一体化保护和系统治理，统筹产业结构调整、污染治理、生态保护、应对气候变化，协同推进降碳、减污、扩绿、增长，推进生态优先、节约集约、绿色低碳发展。”这充分证明了生态环境科学决策的划时代意义。决策者不仅需要有求真务实、无私奉献的精神，而且要凭借科学思维、生态知识和水平进行决策，从而使决策的价值取向从片面追求经济发展转向经济发展与环境保护相协调、相统一。

三、增强生态环境保护意识

在生态环境保护中，增强公民的生态环境忧患意识、生态环境责任意识、生态环境参与意识，树立公民的生态文明观、道德观、价值观，形成人与自然和谐相处的生产方式和生活方式是十分现实的问题。

（一）增强生态环境忧患意识

孟子说：“生于忧患，死于安乐”。每个公民有了生态环境忧患意识，才会关注生态环境，研究生态危机，自觉保护生态环境，生态文明建设才能行稳致远，从而加快建设美丽中国。

早在 2005 年，《兰州晨报》的一篇报道说，水土流失日趋严重，白龙江流域的自然生态环境发生了恶性变化，由此诱发的洪水、滑坡、泥石流灾害不断，严重威胁着当地居民的生存安全。这个案例告诉我们，人类要认清生态环境问题的严重性，有忧患意识，给予关注，并付诸行动实施保护，这样才能防止生态环境的恶化。

（二）增强生态环境责任意识

生态环境责任意识是每个公民的世界观、人生观、价值观在生态文明建设中的具体体现。公民的生态环境责任意识不仅包括有责任自觉限制和抵制各种破坏生态的行为，还包括公民有责任自觉参与到各种有益于生态环境发展的活动中，这样方可防止生态环境的恶化。

目前，一些地方的生态环境日趋恶化，究其原因，就是人们缺乏生态环境保护责任意识。生态文明建设能否取得成功，关键取决于决策者及公民对生态环境保护的意识。

（三）增强生态环境参与意识

生态环境质量逐步改善，生态文明建设的持续，可持续发展的实现，必须构建生态环境保护共建共治共享体系，坚持政府主导、社会共治、全民参与，这是生态文明建设的关键。

从现实情况看，我国公民对生态环境保护参与意识的自觉性不足，要鼓励公民积极参与、主动参与、创新参与生态文明建设，从我做起，从现在做起，从小事做起，这样才能真正实现环境与资源的可持续利用。

知识链接

“绿色化”是指什么?

2015年3月24日,中共中央政治局会议上提出“绿色化”一词。“绿色化”既是一种生产方式,又是一种生活方式,也是一种价值取向。

“绿色化”是一种生产方式。“绿色化”是科技含量高、资源消费低、环境污染少,形成经济社会发展的产业结构和生产方式。

“绿色化”是一种生活方式。“绿色化”能将生活方式和消费模式转向勤俭节约、绿色低碳、文明和谐,力戒奢侈浪费和不合理消费。

“绿色化”是一种价值取向。“绿色化”是加大自然生态系统和环境保护力度,形成人人、事事、时时崇尚生态文明的社会新风尚,实现生态可持续发展、经济可持续发展、社会可持续发展。

实践体验

开展《中华人民共和国环境保护法》宣讲志愿活动

实践体验准备:

1. 确定活动地点为学校周边社区。
2. 确定主办部门为学校团委。
3. 确定参与对象为团员干部。
4. 准备音响、笔记本电脑等宣传工具。

实践体验流程:

1. 布置宣讲舞台:悬挂《中华人民共和国环境保护法》宣讲横幅,营造普法氛围;
2. 发放《中华人民共和国环境保护法》等资料;
3. 宣讲《中华人民共和国环境保护法》的重要性、基本原则、监督管理、保护和改善环境、法律责任等;
4. 活动结束前合影留念,合影后安全返校。

实践体验评价:

序号	评价指标	评价标准	效果评价(是/否)
1	普法效果	讲解到位	
2	精神面貌	昂扬向上	
3	宣讲态度	和蔼友善	

实践体验反思：

1. 此次普法宣讲活动带给我们什么样的启示？
2. 如何把生态文明建设普法做得更好？
3. 我对本次实践体验感到：

很满意□　　满意□　　不满意□

第五章

生态文化

随着社会的发展，“文化”已经成为一个内涵丰富、外延宽广的概念，即指人类社会历史实践中的物质财富与精神财富的总和。在影响生态环境的一切因素中，最大的驱动力就是生态文化。目前，在生态文明建设中，摆在我们面前的选择就是积淀以自然规律、保护生态环境为前提，以和谐发展为手段的生态文化，引领人们持续发展，实现中华民族伟大复兴的中国梦。

第一节　生态文化的培育

学习目标

（1）理解生态文化的内涵。

（2）了解生态文化的特征及分类。

（3）通过认识生态文化的起源与发展，积极构建先进的生态文化。

一、生态文化的内涵

生态文化是人类在认识生态、适应生态、利用生态、保护生态、修复生态的过程中所形成的成果，包含人类进行生态环境保护和修复的思想、智慧等意识和行为。生态文化契合时代应运而生，融生态价值观、生态道德观、生态消费观于一体，不断地促进人类的生活美好、社会的和谐发展。

（一）生态价值观

生态价值观是指人们关于生态价值的基本观点和根本看法。生态价值观是生态文化的核心、精神灵魂。毋庸置疑，人们的生态自觉来源于生态文化自觉，生态价值观就是尊重自然、顺应自然、保护自然，与自然和谐相处的价值理念。加快构建以生态价值观为准则的生态文化体系是构建生态文明体系的重要组成部分。

（二）生态道德观

道德是一种社会意识形态，是人们的行为准则和规范。生态道德观是人们在维护生态环境、保护生态环境中予以道德约束的观念。其核心就是代际公平、代内公平、人地公平等三大公平。代际公平是指当代人与后代人公平地享有生态资源，强调当代人要为子孙后代负责；代内公平是指在空间和地域上的当代人都享有大自然恩赐的权利，大自然都是人类共同居住的家园；人地公平是指人与自然保持一种公平、公正的关系，合理地利用、改造自然，维护生态环境的完整性，保护生物的多样性。

（三）生态消费观

生态消费也叫适度消费，是经过理性选择的消费、设法使自己的消费行为向有利于生态环境保护、有利于生态平衡的方向转变，也就是说生态消费是一种绿色的、低碳的消费，既满足人的消费需求，又不破坏生态环境的消费意识，还增强全民的节约意识、生态意识，促使形成合理消费的社会风尚，营造爱护生态环境的良好风气。

二、生态文化的特征

生态文化作为生态文明建设的重要组成部分，是人与人、人与自然、人与社会和谐共生的灵魂、统帅，具有以下特征：

（一）大众性

所谓大众性是指生态文化不分男女、不分老少、不分国籍的一代又一代人在长期的发展中积累的结晶，体现人们的根本利益，并化为人们自觉遵守的行为规范。

（二）传承性

生态文化的传承性是指在生态文明建设中，人们要有选择性地汲取优秀的传统文化，构建与新时代发展相适应的先进文化，从而引领生态文明建设。

（三）整体性

党的十八大提出："把生态文明建设放在突出地位，融入经济建设、政治建设、文化建设、社会建设各方面和社会过程，努力建设美丽中国，实现中华民族永续发展。"建设美丽中国是环境之美、时代之美、生活之美、百姓之美、社会之美的总和。党的二十大报告指出，要紧扣我国社会主要矛盾变化，统筹推进经济建设、政治建设、文化建设、社会建设、生态文明建设。可见，在生态文明建设中，各要素之间相互融入、相互作用、相互制约，具有明显的整体性。

（四）导向性

生态文化的导向性是指引导人与人、人与自然、人与社会的和谐发展，实现经济繁荣、制度完善、文化先进、社会进步的统一发展。

三、生态文化的分类

生态文化由外到内、由表层到深层分为生态物质文化、生态制度文化、生态行为文化、生态精神文化四类。

（1）生态物质文化。生态物质文化是生态环境建设的基础，诸如建筑物、景观、设施设备。

（2）生态制度文化。生态制度文化是生态文化建设的保障，诸如生态环境保护的考核办法、奖惩机制，国土资源开发保护制度，耕地保护制度、水资源管理制度。

（3）生态行为文化。生态行为文化是生态文化建设的关键，如生态保护、生态修复、绿色行动。

（4）生态精神文化。生态精神文化是生态文化建设的灵魂，如毛泽东、邓小平、江泽民、胡锦涛、习近平的生态文明思想。

四、生态文化的起源与发展

生态文化最早起源于人类的旧时器时代，人们靠采集、狩猎、渔捞等原始的生产劳动获取生活资料，产生了生态文化的萌芽，并经过漫长岁月的积淀，孕育了深厚的生态文化底蕴，为精神文明建设奠定了坚实的基础。人们通过后期的不断调整、修正、构建新的生态文化来实现生态良好、政治和谐、经济繁荣、人民幸福。

（一）中华民族的优秀传统生态文化

早在3 500年前的夏、商、周时期，古人对于树木的保护除考虑自身的生存外，也考虑美的感受，如在房前屋后、道旁、田间植树，这既给人们带来经济利益，又给人们提供休息乘凉之所、绿化居住环境。《国书》曰："春三月，山林不登斧，以成草木之长。夏三月，川泽不入网罟，以成鱼鳖之长。"可见夏代的统治者禁止人们随意砍伐、捕鱼捉鳖，以防匮乏。

春秋时期，儒家与道家认为人是自然界的一部分，必须按自然规律办事，顺从、尊重自然，这样才能与自然和谐相处。孔子说："天何言哉？四时行焉，百物生焉，天何言哉！"孟子说："尽其心者，知其性也。知其性，则知天矣。存其心，养其性，所以事天也。"即尽其心、知其性、天知矣的过程，就是实现人与天的和谐统一，表达了人与自然和谐共存的生态文化观。老子说："道生一，一生二，二生三，三生万物。"意思是说"道"是一切存在的本源，"一"是道所产生的元气，是独一无二的，道本身包含阴阳二气，万物在这种状态中产生，万物是自然界的组成部分，人是自然界中的一部分，人的行为应顺应自然，遵循自然万物的运行规律。庄子说："人法地，地法天，天法道，道法自然。"这里说的是天要受制于规则，而规则要受制于自然，这一切都不以人的意志为转移，人类应不断建设先进的生态文化，像保护我们自身一样保护生态环境。

先秦时期关于保护生物资源的生态文化对后世产生了潜移默化的影响。到了秦汉时期，人们保护自然资源的行为到了相当自觉的阶段，西汉淮南王刘安的《淮南子》对先秦的环境保护政策进行了系统总结，体现了合理利用和保护生物资源的重要性。

隋唐宋时期，对环境管理和生物资源的保护给予一定程度的重视。唐代把山林川泽、狩猎作为政府管理的范围和职责。宋代注重通过立法保护生物资源，命令官吏侦察捕拿违反禁令的人，可见当时对生态环境保护的力度之大。

明代对山林川泽的保护一直承袭前代的有关规定进行管制，到仁宗时，减弱了管理措施，自然资源保护方面有所倒退。清代人口猛增，许多草原或山地被开垦为农田，造成草原退化、水土流失、生态环境被破坏。

总之，中华民族传统的生态文化很早就产生了，人与天地万物融于一体，自然资源是人类的养育者，人类的生存依赖于自然资源，后人必须传承优秀的传统生态文化，保护生态环境。

（二）马克思主义生态文化

在马克思主义的生态文化中，人与自然的关系是核心所在，马克思和恩格斯指出，人与自然是和谐共生且辩证统一的，主要表现在：

1. 自然界是第一性的

马克思认为，人对自然有高度的依赖性，人是自然界的产物，自然界是人类生存发展的前提和基础，自然界不依赖人的意识并先于人和人的意识而存在。

2. 人类的可持续发展

马克思说，人作为自然存在物，而且作为有生命的自然存在物，一方面是有自然力、生命力，是能动的自然存在物；这些力量作为天赋、才能、欲望存在于人身上；另一方面，人作为自然的、肉体的、感性的、对象性的存在物，和动植物一样，是受动的、受制约和受限制的存在物，就是说，他的欲望的对象是作为不依赖于他的对象而存在于他之外的。马克思的这段论述包含两层意思：一方面自然界是人类实践活动的对象；另一方面，人类的实践活动受自然界的制约。因此，人类在实践活动中，必须达到人与自然的和谐、可持续发展的目的。

3. 人与自然和谐共存

马克思提出，动物的生产是片面的，而人的生产是全面的。这就是说，人类的生产既关注自身的需要，又关注其他存在物的需要；既关注经济效益，又重视社会效益和生态效益。一句话，人类的生产是全面的、人与自然和谐共生的。

（三）中国特色社会主义的生态文化

中华人民共和国成立后，历届党中央在不同的历史时期，从国内外的实际情况出发，提出一系列有关人与自然关系的科学认识，对推动生态文化建设走向纵深发展起到了积极的促进作用。

1.“一个统帅”布局

中华人民共和国成立初期，以毛泽东同志为主要代表的中国共产党人在抓政治工作中，经常把认识和解决人与自然关系问题联系起来，给后来的生态文明建设奠定了基础。

2.“两个文明一起抓”布局

党的十一届三中全会以后，以邓小平同志为主要代表的中国共产党人立足我国社会主义初级阶段的基本国情，坚持以经济建设为中心，强调环境保护是国家经济管理工作的重要内容。1980 年 12 月，邓小平在中央工作会议上指出：“我们要建设的社会主义国家，不但要有高度的物质文明，而且还要有高度的精神文明。”邓小平在他的论著和讲话中有不同的表述强调，归结起来就是，一手抓物质文明建设，一手抓精神文明建设，两手抓，两手都要硬，才是有中国特色社会主义的“两个文明一起抓”布局。邓小平多次强调要制定一些法律，确保环保工作的开展，开启了我国生态环境保护的法制化、制度化进程。

3.“三个文明”布局

以江泽民同志为主要代表的中国共产党人进一步认识到我国生态环境问题的重要性和紧迫性，把可持续发展上升为国家发展的重大战略，强调环境保护工作是实现经济和社会可持续发展的基础，开启了具有中国特色的生态环境保护道路。党的十六大报告指出：“全面建设小康社会，开创中国特色社会主义事业新局面，就是要在中国共产党的坚强领导下，发展社会主义市场经济、社会主义民主政治和社会主义先进文化，不断促进社会主义物质文明、政治文明和精神文明的协调发展，推进中华民族的伟大复兴。”江泽民同志多次指出物质文明、政治文明、精神文明一起抓的布局，为社会的协调发展提供了后盾。

4.“四位一体”布局

以胡锦涛同志为主要代表的中国共产党人运用马克思主义历史观和辩证法以及科学方法论来处理人与自然的关系，高度重视和加强生态环境保护，开辟了社会主义生态文明新局面。2003年胡锦涛在江西考察工作提出了科学发展观。科学发展观的核心是以人为本，强调的是人与自然的全面协调。2005年2月，胡锦涛在省部级主要领导干部提高构建社会主义和谐社会能力专题研讨班上指出：“随着我国经济社会的不断发展，中国特色社会主义事业的总体布局，更加明确地由社会主义经济建设、政治建设、文化建设三位一体，发展为社会主义经济建设、政治建设、文化建设、社会建设四位一体”。胡锦涛在党的十七大报告中强调：“要按照中国特色社会主义事业总体布局，全面推进经济建设、政治建设、文化建设、社会建设，促进现代化建设各个环节、各个方面相协调，促进生产关系与生产力、上层建筑与经济基础相协调。坚持生产发展、生活富裕、生态良好的文明发展道路，建设资源节约型、环境友好型社会，实现速度和结构质量效益相统一、经济发展与人口资源环境相协调，使人民在良好生态环境中生产生活，实现经济社会永续发展。”党的十七大报告进一步深刻阐述了关于“四位一体”中国特色社会主义事业布局的思想，使我们进一步认识到保护环境、爱护自然的重要性，为我国的生态环境保护提供了行动指南。

5.“五位一体”总体布局

党的十八大以来，以习近平同志为主要代表的中国共产党人顺应时代潮流和人民意愿，站在坚持和发展中国特色社会主义、实现中华民族伟大复兴的战略高度，以前所未有的力度抓生态文明建设，开展一系列根本性、开创性、长远性的工作，形成了习近平生态文明思想，开创了生态文明建设新境界，走向了社会主义生态文明新时代，全党全国推动绿色发展的自觉性和主动性显著增强，我国生态环境保护发生历史性、转折性、全面性变化，体现了负责任的生态环境保护大国担当。

习近平同志指出：“党的十八大把生态文明建设纳入中国特色社会主义事业总体布局，使生态文明建设的战略地位更加明确，有利于把生态文明建设融入经济建设、政治建设、文化建设、社会建设各方面和全过程。”从党的十八大开始，中国特色社会主义总体布局就是经济建设、政治建设、文化建设、社会建设、生态文明建设“五位一体”。经济建设是根本，政治建设是保证，文化建设是灵魂，社会建设是条件，生态文明建设是基础。“五位一体”总体布局是建设人与自然和谐现代化的根本遵循和行动指南。

2013年5月，中央政治局第6次集体学习时，习近平指出：“生态兴则文明兴，生态衰则文明衰。”2015年1月，习近平在云南考察工作时强调：“要把生态环境保护放在更加突出位置，像保护眼睛一样保护生态环境，像对待生命一样对待生态环境，在生态环境保护上要算大账、算长远账、算整体账、算综合账，不能因小失大、顾此失彼、寅吃卯粮、急功近利。”2016年1月，在中央党校省部级主要领导干部学习贯彻党的十八届五中全会精神专题研讨班开班仪式上，习近平指出：“坚决推进绿色发展，推动自然资本增值……走向生态文明新时代。”

2017年10月，习近平在党的十九大报告中指出：“建设生态文明是中华民族永续发展的千年大计。必须树立和践行绿水青山就是金山银山的理念，坚持节约资源和保护环境的基本国策，像对待生命一样对待生态环境，统筹山水林田湖草系统治理，实行最严格的生态环境保护制度，形成绿色发展方式和生活方式，坚定走生产发展、生活富裕、生态良好的文明发展道路，建设美丽中国，为人民创造良好的生活环境，为全球生态安全做出贡献。”“人与自然是生命共同体，人类必须尊重自然、顺应自然、保护自然。”强调“坚持全民共治、源头防治、持续实施大气污染防治行动，打赢蓝天保卫战。加快水污染防治，实施流域环境和近岸海域综合治理。强化土壤污染管控和修复，加强农业面源污染防治，开展农村人居环境整治行动。加强固体废弃物和垃圾处置。提高污染排放标准，强化污染者责任，健全环保信用评价、信息强制性披露、严惩重罚等制度。”

2018 年 5 月，在纪念马克思诞辰 200 周年大会上，习近平指出：“学习马克思，就要学习和实践马克思主义关于人与自然关系的思想。”同年 5 月，在全国生态环境大会上，习近平指出：“生态文明建设是关系中华民族永续发展的根本大计。”强调：“绿水青山就是金山银山，贯彻创新、协调、绿色、开放、共享的发展理念。”2022 年 3 月，习近平在参加首都义务植树活动时号召大家都做生态文明的实践者、推动者，持之以恒，久久为功，让我们的祖国天更蓝、山更绿、水更清，生态环境更美好。

2022 年 10 月，习近平在党的二十大报告中指出：“人与自然是生命共同体，无止境地向自然索取甚至破坏自然必然会遭到大自然的报复。我们坚持可持续发展，坚持节约优先、保护优先、自然恢复为主的方针，像保护眼睛一样保护自然和生态环境，坚定不移走生产发展、生活富裕、生态良好的文明发展道路，实现中华民族永续发展。”“大自然是人类赖以生存发展的基本条件。尊重自然、顺应自然、保护自然，是全面建设社会主义现代化国家的内在要求。必须牢固树立和践行绿水青山就是金山银山的理念，站在人与自然和谐共生的高度谋划发展。”“我们要推进美丽中国建设，坚持山水林田湖草沙一体化保护和系统治理，统筹产业结构调整、污染治理、生态保护、应对气候变化，协同推进降碳、减污、扩绿、增长，推进生态优先、节约集约、绿色低碳发展。”强调“坚持精准治污、科学治污、依法治污，持续深入打好蓝天、碧水、净土保卫战。加强污染物协同控制，基本消除重污染天气。统筹水资源、水环境、水生态治理，推动重要江河湖库生态保护治理，基本消除城市黑臭水体。加强土壤污染源头防控，开展新污染物治理。提升环境基础设施建设水平，推进城乡人居环境整治。全面实行排污许可制，健全现代环境治理体系。严密防控环境风险。深入推进中央生态环境保护督察。”“推动能源清洁低碳高效利用，推进工业、建筑、交通等领域清洁低碳转型。深入推进能源革命，加强煤炭清洁高效利用，加大油气资源勘探开发和增储上产力度，加快规划建设新型能源体系，统筹水电开发和生态保护，积极安全有序发展核电，加强能源产供储销体系建设，确保能源安全。完善碳排放统计核算制度，健全碳排放权市场交易制度。提升生态系统碳汇能力。积极参与应对气候变化全球治理。”习近平对生态环境保护的一系列重要讲话和论述，是我国持之以恒保护生态环境的重要引领。

近十年，全国人大常委会修订了很多环境和资源保护法律，主要有：《中华人民共和国环境保护法》《中华人民共和国水法》《中华人民共和国气象法》等。

总之，习近平将生态文明建设与经济建设、政治建设、文化建设、社会建设并列为“五位一体”的总体布局，是推进生态文明建设实践成就和宝贵经验提炼升华的重大理论创新成果，是新时代丰富生态文化、实现人与自然和谐统一的强大思想武器，是筑牢

中华民族绿色根基的重要组成部分，在实现中华民族伟大复兴中具有很强的战略性、纲领性和引领性。

知识链接

地球大气层

整个地球大气层犹如一幢高大而又独特的楼房，其主要成分包括：氮78%、氧21%、稀有气体0.93%、二氧化碳0.03%。此外，还有水汽和尘埃等。按组成成分、温度、密度等物理性质在垂直方向的变化，自下而上分为五层：依次是对流层、平流层、中间层、暖层、散逸层。对流层是贴近地面的最低层，是大气层中最活跃、与人类关系最密切的一层，我们常见的风雨雷电等天气现象就发生在这一层。平流层有利于高空飞行，飞机一般在这一层中飞行。这一层中的臭氧层吸收太阳紫外线，保护地球上的生物避免紫外线的有害辐射。中间层顶部有水汽存在，可出现散落且发光的银白色的“夜光云”。散逸层是地球大气的最外层，空气极为稀薄。

实践体验

宣讲普及生态文化

实践体验准备：

1. 通过学校报刊、广播之声、宣传栏、黑板报、倡议书等渠道，做好前期宣传工作，让全体师生员工认识普及生态文化的重要性，事半功倍地保护生态环境。

2. 成立志愿者宣讲小组，每组5～7人，推选一个小组长，由其具体负责组织实施。

3. 联系学校附近的一个社区，以社区居民作为志愿者宣讲活动的对象。

实践体验流程：

1. 拟订志愿者宣讲生态文化方案，召开志愿者宣讲普及生态文化动员会；

2. 组织志愿者到社区宣讲生态文化；

3. 总结经验，践行生态文化理念。

实践体验评价：

序号	评价指标	评价标准	效果评价(是/否)
1	宣传生态文化的重要性、营造生态文化的有效措施等	社区居民学有所获，学有所用	
2	宣讲表现	主题鲜明，大方得体	
3	宣讲感染力	声情并茂，打动听者	
4	团队收获	有成功感、幸福感	

实践体验反思：

1. 我在这次活动中有哪些启示？

2. 我对本次实践体验感到：

很满意□　　满意□　　不满意□

第二节　生态文化智慧

学习目标

(1) 理解环境美、城市美、乡村美、校园美的内涵。

(2) 了解环境美、城市美、乡村美、校园美的内容。

(3) 增强环境保护意识，积极参与环境美、城市美、乡村美、校园美的建设。

一、环境美

党的十八大提出："把生态文明建设放在突出地位，融入经济建设、政治建设、文化建设、社会建设各方面和全过程，努力建设美丽中国，实现中华民族永续发展。"美丽中国是环境之美、城市之美、乡村之美、校园之美、人文之美的总和，美丽中国指的是天蓝、地绿、水净、景美、人富完美综合的中国。

(一) 环境美的内涵

环境是人类赖以生存和发展的各种自然条件与社会因素的总和。环境美是指人对自身所生活的环境自觉美化的结果，有广义和狭义之分。广义的环境美包括山川草木、气候风物等自然环境的美和社会风俗习惯、社会制度以及人与人的关系等社会环境的美，也称广义环境美。狭义的环境美即人们生活、学习、工作的具体环境场所的美，也叫具体环境美。

环境美是以物质文明为基础、以精神文明为灵魂的全面体现，活动在环境中的人的文明程度，是环境美得以实现的关键。它既体现于个人、家庭、学习环境、工作环境的美化或布置，又体现于社会活动环境的美化，如公共场所的卫生、整洁、绿化，街道、村舍的布局，建筑、园林的美化。

(二) 环境美的内容

1. 卫生

具体地讲，抓好卫生就是要求个人衣着、家庭、工作场地、公共场所等地的条件或环境都要合乎卫生要求，都要有利于预防疾病，增进人民健康。抓好卫生的重点是抓好公共场所的卫生。就公共场所的卫生而言，还有一个净化环境的问题，如在城市要做好“三废”（即废气、废水、废渣）的处理，清除空气、饮水中的有害物；在农村要做好“一管三改”（即管理粪便，改善饮水条件，改造厕所，改造畜禽栏圈）工作，制造沼气，方便人们生活，防止疾病的蔓延和传播，保证人民的身体健康。

2．整洁

这是指要使周围的环境达到整齐美观、井然有序，空气清新、卫生清净的要求，让人看后产生一种愉悦的感觉。

3．绿化

这是指在庭园街道、村屯等处的空闲地做好绿化美化设计，建设绿树成荫、青草连片、花果飘香的美丽环境，促进人文景观与自然景观和谐融合。

二、城市美

（一）城市美的内涵

城市是人类文明的产物，是高密度的物质与精神的聚集体，是高效率的社会经济生活综合体。城市美就是指城市中的建筑、环境、场所、经济、文化和城市作为整体所表现出的一种人与自然和谐共处的生活价值美。

天河公园

天河公园

（二）城市美的内容

1．城市的整体和谐

这首先是城市人工环境与自然环境的和谐，这也是党的十八届三中全会把生态文明建设作为统筹推进经济建设、政治建设、文化建设、社会建设、生态文明建设“五位一体”总体布局和协调推进“四个全面”战略布局的重要内容之一。城市的发展，必须与生态环境的保护结合起来、融为一体、互惠共生。综观古今中外的城市建设，凡是建设成功的城市无不是根据自然环境来营造人工环境，并把二者巧妙地结合在一起，做到“三分人工，七分天成”的。正如我国古代哲学家老子倡导的“人法地、地法天、天法道、道法自然”的“天人合一”的思想，也就是“人与自然和谐地发展”。其次，这是城市人群、团体的和谐，强调城市中不同的文化背景和不同的社会集团之间的社会和谐，重视区域中城市居民生活的和谐，避免城市范围内的社会空间的强烈分割和对抗。最后，这是发展的和谐，在这个飞速发展的时代，要保持城市发展过程中历史的延续性，保护文化遗产和传统生活方式，促进新技术在城市发展中的运用并使之为大众服务，努力追求城市文化遗产保护与新的科学技术运用之间的协调等。

2. 城市的绿色产业体系

城市绿色产业体系建设能实现产业经济发展过程中的环境生态化，让自然融入城市环境，让城市回归自然，提倡低碳生产、清洁生产、文明消费，消除工业三废污染，发展绿色环保产品。

3. 城市的个性特色

美的事物都具有独特的个性，城市美也应具备独特的个性。一个城市只有具有独特的个性，才会有鲜明的城市形象，也就是一个城市的名片。综观世界各地名城，它们之所以令人神往，无不是因为在自然景观或人文景观方面有着各自鲜明而独特的个性，如北京的古都风貌、巴黎的艺术殿堂、纽约的摩天大楼。这些带有强烈的地域气息、时代特征和民族风情的城市个性，是城市地域文化的源泉与结晶，折射着人类文明的光华。城市个性维系着城市中每一个人的生活命运，早已成为城市不可割舍的血脉，它就是城市美的灵魂。

北京故宫神武门

北京故宫神武门

4. 城市的人文情感特色

随着社会的发展，美的城市也逐渐向城市的美转化，一个美的城市是有情的，因其有情，身处其中的人们更容易感知城市的美。城市风貌以情感人，树立对城市的热爱、对人生的热爱和对社会的热爱，是城市美的价值目的。

广州塔

广州塔

5. 城市的可持续性特色

城市美以可持续发展理念为指导，合理配置资源，物尽其用，人尽其能，各施其能，各得其所，各行各业、各部门之间的共生关系协调。

三、乡村美

（一）乡村美的内涵

乡村美，顾名思义，就是农村的环境美、生态美、产业美、生活美，其中心是农村，其重心在农村。党的第十六届五中全会提出要按照“生产发展、生活富裕、乡风文明、村容整洁、管理民主”的要求，扎实推进新农村建设，树立尊重自然、顺应自然、保护自然生态文明理念，以改善农村居民的生产、生活和生态环境为目的，以新农村、新设施、新措施、新风貌为标志，以加强农村道路、水电、水利等为手段，将农村建设成为经济繁荣、设施完善、环境优美文明和谐的美丽乡村。

（二）乡村美的内容

1. 外显之“美”

乡村美不美，关键看生态。生态是美丽乡村的标志，是美丽乡村的外显之“美”。具体而言，首先要具有乡土气息，要在“农”字和“土”字上做工作，根据“村情”因地制宜，合理规划和建设，充分利用本地的传统资源，就地取材，突出农村地域特色，留得住乡愁，记得住乡愁。其次要具有地方特色，乡村联动、多规合一，因地制宜、突出特色。“百里不同风，千里不同俗”，做到依山就势、聚散相宜、错落有致，重点突出不同地方乡村的风俗、生态、面貌等，不能一个模样，也不能大同小异。

2. 内秀之“美”

内秀之“美”其一在于文化之韵。文化是一个乡村赖以生存、繁衍、发展的重要根基和血脉，是乡村美的基因和灵魂。一个缺乏文化个性的乡村，即使经济再富裕，也不可

安徽

安徽

世界遗产

世界遗产

能成为令人向往之的魅力乡村；一个没有文化韵味的乡村，纵然生态再美丽，也不可能成为真正意义上的生态文明乡村。在乡村美建设中，只有注入乡土文明符号的文化，美丽乡村才有内涵、有品位、有活力，才能留住文脉、记住乡愁，才能使乡村更有灵气，更有强大生命力。此外，还要实现人的精神风貌和道德文明素养之美。既有山清水秀、街道洁净，也有人美、乡风美，内外兼修，才算得上是名副其实的乡村美。

四、校园美

（一）校园美的内涵

校园美，一般来说有狭义和广义之分。狭义的校园美一般指校园环境，包括树木、

花草、水流、建筑等自然人文景观，干净、漂亮、宜人、布局合理。广义的校园美，是指在实现其基本教育功能的基础上，以可持续发展的思想为指导，节约资源、绿化校园、美化校园、净化校园、亮化校园，在学校的日常管理中开展环保行动，增强师生的环境保护意识。广义的校园美涉及物质文化、制度文化、行为文化、精神文化等方面。

孔子像

清华大学校园内石刻

属于学校物质文化的有：教学楼、实验楼、图书馆、文娱体育活动设施，以及优美绿化的环境等，这些属于校园美的硬件，是看得见摸得着的东西。

属于学校制度文化的有：校训、校纪、校规、班规、学生守则、入队入团条件、劳动制度、清洁卫生制度、考试规则、休息制度等，这些是校园美建设的保障系统。“没有规矩，不成方圆”，只有建立起完整的规章制度，规范了师生的行为，才有可能建立起良好的校风，才能保证校园各方面工作和活动的开展与落实。

属于行为文化的有：节纸、节电、节水、节粮、垃圾减量与回收利用，推行绿色消费等有益校园美的行动，这些保障了师生的安全、卫生和健康。

属于学校精神文化的有：校风、教风、学风、班风，师生员工的价值观念、精神状态、群体心理、人际关系、英雄雕塑等。校园精神文化建设是校园美建设的核心内容，也是校园美的最高层次。它主要包括校园历史传统和被全体师生员工认同的共同文化观念、价值观念、生活观念等意识形态，是一个学校本质、个性、精神面貌的集中反映。校园精神文化又被称为“学校精神”，并具体体现在校风、教风、学风、班风和学校人际关系上。

北京大学校园内的塑像

中山大学

(二) 校园美的内容

1. 整体发展

学校在现有管理体系的基础上，进一步把学校管理纳入环境保护，使教师管理、学

生管理、教学工作、德育工作、后勤工作等与生态和谐发展，让校园美惠及师生，不断提升师生的认可度、满意度、美誉度。

2. 共同参与

创建校园美，不仅要制订可行的计划、指标，而且要明确职责，上下联动、左右互动、人人知晓、人人参与，齐心协力建设美丽校园。

3. 循序渐进

校园美没有最好，只有更好，在校园环境建设和环境教育活动中应循序渐进、逐步提升，让校园美充满生机和活力。

知识链接

全国低碳日的由来

工业革命以来，人类活动越来越依赖煤炭等化石能源，化石能源给人类带来便利的同时，也让大气中的二氧化碳气体含量急剧增加，大气污染、臭氧层空洞、全球气候变暖等环境问题日趋严重。2010 年 1 月，在“低碳中国论坛”年会上有关学者首次提出了建设“全球低碳日”的倡议。

2011 年，国家信访局接到有关学者关于设立“全国低碳日”或“全国低碳周”的建议函。根据国务院领导同志批示精神，国务院法制办与发展和改革委员会经过认真研究，并协调多个部门的意见，以国家发展和改革委员会的名义向国务院提出了设立“全国低碳日”的建议。2012 年 9 月，国务院常务会议决定建立“全国低碳日”。2013 年 6 月 17 日，我国迎来了第一个低碳日。从 2013 年起，把每年 6 月“全国节能宣传周”的第 3 天作为“全国低碳日”。

实践体验

建设生态校园，你我共同参与

实践体验准备：

1. 通过学校网站、广播站、宣传栏、黑板报、倡议书、专题学习会等形式做好前期宣传工作，让全校学生了解这次实践体验的目的、内容、意义，使全体师生员工都参与到建设美丽校园活动中，树立“我参与、我光荣”的意识。

2. 分别成立教师组、学生组和教师学生组成的综合监督组，确定小组长，明确各组在建设活动中所承担的职责，确保各项活动顺利、有效地开展。

实践体验流程：

1. 制订方案，成立组织，进行动员，组织全体师生员工学习，统一思想、达成共识。利用学校网站、广播站、宣传栏、黑板报等营造建设活动气氛。

2. 根据实施方案开展各项专题活动，对各部门、各部室、各班级的工作开展情况进行督查。重点抓好时间节点，努力完善基础设施，持续推进创建工作，形成良好局面。

3. 根据工作情况，认真进行总结，并修改方案。根据查找的问题，制定整改措施，并予以实施，对各项工作进行督查。

4. 学校对创建活动中的相关个人和团体，开展表彰奖励活动，鼓励先进，鞭策后进。

实践体验评价：

序号	评价指标	评价标准	效果评价(是/否)
1	方案制订、组织动员	合理、有效	
2	参与情况	从我做起，从现在做起	
3	活动效果	争当校园美建设排头兵	

实践体验反思：

1. 我在建设生态校园活动中遇到了什么情况？是如何解决的？

2. 我对本次实践体验感到：

很满意□　　满意□　　不满意□

第三节　生态文化愿景

学习目标

(1) 认识人与人和谐共处、人与自然和谐共生、人与社会和谐共存是生态文化的出发点和归宿。

(2) 领悟生态文明的尊重自然、顺应自然、保护自然愿景的自觉行动。

(3) 理解建设美丽中国的内涵。

生态文化愿景是人类共同追求的一种境界，它是在人与人、人与自然、人与社会和谐共生、良性循环、全面发展、持续繁荣的过程中提炼的结晶，向世人展示的是一幅美丽画卷。

一、人与人的和谐共处

人与人和谐共处的观念反映了一种积极、向上、健康的人生态度和生存态度，包含一种互相关心、互相帮助、乐于奉献的情愫。在这种态度下，人的内心体验更积极，社会

适应能力更强，潜能能更有效地发挥，生命价值也能更好地体现。要做到人与人和谐共处，首先，要认识自我，感知和谐，对自己负责；其次，要提升自我，领会和谐，对他人负责；再次，鞭策自我，传播和谐，对社会负责。这样自己跟自己和谐、自己跟他人和谐，人类群体间方能和谐，人与社会、人与生态环境才能和谐。

二、人与自然和谐共生

人与自然和谐共生是生态文化的要务之一，就是人们要尊重自然、顺应自然、保护自然，从而形成人与自然和谐共生共荣的文化氛围。

（一）尊重自然是生态文明建设的首要态度

反思过去，正视现实，自然是人类赖以生存的根本，“皮之不存，毛将焉附”。没有了自然，人类将无法生存。只有尊重自然，才能清晰地认识到人类自己是自然的一部分，改变传统的“向自然宣战”“征服自然”为“人与自然和谐共生共荣”，形成尊重自然、热爱自然、善待自然的浓郁文化氛围，建立有利于保护生态环境的文化体系，把人类的活动对自然环境的影响降低到最小的程度。

（二）顺应自然是生态文明建设的基本原则

客观规律是事物运动过程中固有的、本质的、必然的、稳定的联系，是不以人的意志为转移的规则。在客观规律面前，人类只能遵循利用，否则将受到客观规律的惩罚。人类在生态文明建设中，只有适应和遵循自然规律，才能顺应自然。一方面要科学认识大自然的规律；另一方面要约束人类的不良行为，防止违背自然规律、任意妄为。人类要顺应自然，大力推进生态文化建设，大力弘扬人与自然和谐相处的生态文化。

（三）保护自然是生态文明建设的重要任务

保护自然，维护生态平衡，就是要树立人与天地一体的理念，像爱护自己的眼睛那样去爱惜保护自然，让生态文化建设成为人们生产、生活的行动和自觉的行为习惯。在生产方式上，要把经济发展的动力真正转变为提高生产者素质、提升自主创新能力上来，清洁生产、节能减排，以最小的资源消耗、减少污染和消除污染，获取最大的经济效益、生态效益和社会效益；在生活方式上，要求人们养成绿色生活方式，推行绿色消费。追求低碳绿色、文明健康、实用节俭，已是形势使然、民意所指、民心所向。在行为习惯方面，作为物质产品的生产者和消费者，应该在生产和生活中养成节约资源、善待环境、保护自然、物尽其用、节能减排的自觉的良好行为习惯。

三、人与社会的和谐共存

首先，要按生态学原理建立一个人与社会、经济、自然协调发展，物质、能量、信息高效利用，生态良性循环的体系，推进绿色生态城乡建设，推动绿色建筑规模化发展，大力发展绿色住房，着力推进老旧城乡的绿色生态更新改造，是人与社会和谐共存、和谐发展的保障。

其次，要以绿色方针、绿色计划、绿色政策、绿色管理为人与社会和谐共存的理念，建立一个有利于人与社会和谐共生的决策机制与运行机制，积极践行绿色行政、绿色生产、绿色消费、绿色宣传、绿色智慧，方可实现人与社会和谐共存。

再次，建设美丽中国是环境之美、时代之美、生活之美、社会之美、百姓之美的总和，建设美丽中国的核心就是要按照生态文明要求，通过生态建设、经济建设、政治建设、文化建设、社会建设，实现生态良好、经济繁荣、政治和谐、人民幸福。因此，人类要充分认识到自己作为社会中的一员，必须与社会和谐共存，绿色发展、循环发展、低碳发展，创建资源节约型社会、环境友好型社会。

知识链接

世界无烟日

世界卫生组织于1987年11月在日本东京举行第6届吸烟与健康国际会议，会议上建议将节日定为每年的4月7日，从1988年开始执行。从1989年开始，世界无烟日改为每年的5月31日。其原因是第二天是国际儿童节，希望下一代免受烟草危害。

2023年5月31日是第36个世界无烟日。我国无烟日的主题是“无烟，为成长护航”。为进一步提高社区居民对烟草危害健康、为儿童青少年营造无烟环境重要性的认识，引导青少年拒吸第一支烟，更好地促进青少年健康成长。

实践体验

调查乡村生态文化建设情况

实践体验准备：

1. 联系学校附近的乡村，确定为调查对象。
2. 分小组，确定组长，明确组长职责及小组成员的工作任务。
3. 准备记录本和笔。

实践体验流程：

1. 拟订调查计划。
2. 调查乡村的生态文化建设情况。

实践体验评价：

序号	评价指标	评价标准	效果评价（是/否）
1	生态文化建设情况	乡村生态文化建设丰富、合理、规范	
2	生态文化愿景	人与人和谐、人与自然和谐、人与社会和谐	
3	实践体验	生态文化愿景是人类共同追求的境界	

实践体验反思：

1. 生态文化建设给我哪些启示？

2. 我对本次实践体验感到：

很满意□　　满意□　　不满意□

第四节　生态文化教育

学习目标

（1）理解生态教育的内涵。

（2）了解生态教育的功能。

（3）了解生态教育的行为。

生态环境保护需要政府的规划、部署，需要制度的规范、约束，但仅仅依靠自上而下的命令是不够的，还需要加强生态文化建设，营造有利于环境保护的文化氛围，进而增强人们的生态环境保护意识。

一、生态教育的内涵

生态教育是人类为了实现可持续发展和创建生态文明社会的需要，将生态理想、理念、原则与方法融入现代全民性教育的生态学过程，旨在应对生态危机，是一种符合时代潮流的新教育理念。通过生态教育使人们形成一种全新的自然生态观、生态伦理观、生态价值观、生态人生观、生态世界观、生态文明观和可持续发展观，实现人类、自然、社会的和谐发展。

二、生态教育的功用

人类是生态环境中的一员，起源于自然、生存于自然、发展于自然，人与自然是一个和谐共处的有机整体。破坏自然就是损害人类自己，保护自然就是关爱人类自己，维护生态平衡就是发展人类自己。党和国家提出建设生态文明，并把生态文明纳入全面建设小康社会的总体目标中，足以说明生态教育文化的功用、意义。

（一）生态教育是普及生态知识的主阵地

生态教育涵盖人文、社会、历史、自然等方面的知识的教育。生态文明建设就是对蕴藏着的丰富资源进行开发，建设美丽中国。如果没有生态知识的普及，生态文明建设将成为纸上谈兵、雾里看花。生态教育的形式包括学校教育、社会教育、家庭教育；生态教育的内容有生态知识、生态人格、生态技术、生态健康、生态美学等；生态教育的对象有决策者、管理者、科技工作者、工人、农民、军人、学生等；生态教育的主体包括各级党委、政府、企事业单位、群团组织、学校、家庭等。由此，重视生态知识的普及，丰富生态教育的文化底蕴，在全社会形成一种新的生态自然观、生态伦理观、生态人生观、生态价值观、生态世界观，这样才能真正做到人、社会、自然的和谐共生、和谐发展。

（二）生态教育是健全人格的主途径

人格以善恶为标准，教育是一种有目的、有计划、有组织的培养人的活动，生态人格是人们处理生态环境利益关系的一种行为准则和规范。生态人格不是与生俱来的，它需要通过教育来养成。① 要使社会公众认识到良好的自然生态是人类生存之本，是人类幸福生活的先决条件，从而感激和善待自然资源。② 要使社会公众珍惜自然资源的意识，合理开发利用资源，节制非再生资源的使用，做到物质追求和精神追求的统一。③ 要使社会公众培养维护生态平衡的意识，保护濒危动物和珍稀植物，善待生命。④ 要使社会公众树立低碳生活、光盘行动、节水节电、节能减排的理念。⑤ 要让社会公众认识到要依靠科学技术维护生态环境的良性循环，绿化、美化、净化生态环境。

（三）生态教育是健全身心的主渠道

生态教育明确要求人类爱护自然、保护环境，倡导健康和谐的生活方式，这其中就包含了丰富的健康教育、审美教育内涵。生态文明教育倡导人类亲近自然、贴近自然、走进自然，培养健康向上、胸怀宽广、包容他人的心态和品质，富有鲜明的自然生活导向。同时，生态文明教育对体育功能的实现也具有鲜明的价值导向作用。生态环境是审美的优质资源，能激发人们强烈的审美体验、陶冶情操、健全身心。因此，生态教育对于健全身心效果明显。

（四）生态教育是唤醒意识的主推手

唤醒意识在这里仅指唤醒生态意识。生态意识一般是指对生态环境及人与生态环境关系的感觉、思维等，是新时代人类文明的重要标志。生态意识包括生态危机意识、生态保护意识、生态文明意识。

三、生态教育的行为

生态环境与人类密不可分，提升人们的生态文明素养并非一日之功，而是一个循序渐进、润物细无声的过程，由教化、示范、行为自觉三个关键环节构成。

（一）教化过程

教化是一种有目的的教育，是一种有针对性的教育。生态教育行为的教化过程就是让人们学习、掌握生态知识和保护生态环境的法律法规等，并内化为保护生态环境的自觉行动。宋代教育家朱熹曾经说过："古者初年入小学，只是教之以事，如礼乐射御书数及孝弟忠信之事。自十六七入大学，然后教之以理，如致知、格物及所以为孝悌忠信者。"也就是说教育学生是循序渐进的，不仅要使其明其事，还要使其明其理。学生在校学习期间，要勤学苦练，树立“绿水青山就是金山银山”的理念，并通过保护生态环境的行为实践弘扬生态文化，做生态文化的建设者、践行者、推广者和生力军。

（二）示范过程

孔子曰：“其身正，不令而行；其身不正，虽令不从。”这强调的就是示范作用。教育者在对学生进行生态教育的传道授业解惑的过程中，为人师表、率先垂范的行为对学生起着导向作用，无声胜有声，能强化学生对生态环境保护行为的认同。比如，教师看到果皮、纸屑，就随手捡了放入垃圾箱，这就对学生起着潜移默化的作用，催生学生保护环境的自觉行动。

（三）行为自觉过程

通过生态文明行为的教化和示范过程，使人们对生态文明引发的认知和生态情感产生共鸣、认同，进而自觉地保护生态环境。具体为：① 有自觉节约的行为，具体表现为节约粮食，光盘行动，不浪费粮食；节约水电，在洗漱、洗衣、洗澡过程中节约用水；人走灯熄；等等。② 自觉践行低碳生活，具体表现为在日常生活中，不使用一次性塑料袋，不制造白色垃圾；低碳出行；等等。③ 爱护环境卫生，具体表现为不乱扔垃圾；废旧电池回收处理；废旧物品回收利用等。

知识链接

自然之友

自然之友的全称为“中国文化书院·绿色文化分院”，是我国民间环境保护的非营利团体，遵守党和国家的各项法律、政策及中国文化书院章程，经费来自会费及社会赞助。

1993 年 6 月 5 日，自然之友的几位创始人发起了首次民间自发的环境研究会议——“玲珑园会议”。1994 年 3 月 31 日，自然之友成立，这是最早在民政部注册成立的民间环保组织之一，以开展群众性环境教育、倡导绿色文明、建立和传播具有中国特色的绿色文化、促进我国的环保事业为宗旨，以建设公众参与环境保护，让环境保护的意识深入人心并转化为自觉的行动。截至 2022 年，自然之友累计发展志愿者会员 30 000 人，月度捐赠人超过 4 000 人，为我国环保事业做出了积极贡献，并已成为标准性组织之一。

实践体验

生态文化教育活动周

实践体验准备：

1. 做好前期宣传工作，通过学校网站、校报、校园广播、黑板报等形式，让全校师生员工了解生态文化教育的目的、内容、意义，通过在全校各部门、各班级开展生态文化教育，弘扬生态文化，传播生态知识，倡导绿色生活，引导学生树立生态环保意识，尊重自然、顺应自然、保护自然，让生态文化教育时刻在身边，从而促进自身的发展，为建设美丽中国做出积极贡献。

2. 成立以校长为组长、各部门负责人为成员的领导小组，监督全校、各部门、各班级开展生态文化教育的进展情况，确保活动顺利、有效地开展。

实践体验流程：

1. 制订方案，组织全体师生员工学习生态文化相关知识，统一思想、达成共识。
2. 根据实施方案开展各项学习活动，对各部门、各班级工作开展情况进行督查。
3. 学校对开展生态文化教育先进团体和个人进行表彰奖励，鼓励先进，鞭策后进。

实践体验评价：

序号	评价指标	评价标准	效果评价（是/否）
1	方案制订，组织实施	合理、有效	
2	参与情况	人人参与，争当先进	
3	活动效果	自觉节约，低碳生活，保护生态环境	

实践体验反思：

1. 我在生态文化教育活动中学到了什么？具体表现在哪些方面？
2. 我对本次实践体验感到：

很满意□　　满意□　　不满意□

附录一

中华人民共和国环境保护法

第一章　总　　则

第一条　为保护和改善环境，防治污染和其他公害，保障公众健康，推进生态文明建设，促进经济社会可持续发展，制定本法。

第二条　本法所称环境，是指影响人类生存和发展的各种天然的和经过人工改造的自然因素的总体，包括大气、水、海洋、土地、矿藏、森林、草原、湿地、野生生物、自然遗迹、人文遗迹、自然保护区、风景名胜区、城市和乡村等。

第三条　本法适用于中华人民共和国领域和中华人民共和国管辖的其他海域。

第四条　保护环境是国家的基本国策。

国家采取有利于节约和循环利用资源、保护和改善环境、促进人与自然和谐的经济、技术政策和措施，使经济社会发展与环境保护相协调。

第五条　环境保护坚持保护优先、预防为主、综合治理、公众参与、损害担责的原则。

第六条　一切单位和个人都有保护环境的义务。

地方各级人民政府应当对本行政区域的环境质量负责。

企业事业单位和其他生产经营者应当防止、减少环境污染和生态破坏，对所造成的损害依法承担责任。

公民应当增强环境保护意识，采取低碳、节俭的生活方式，自觉履行环境保护义务。

第七条　国家支持环境保护科学技术研究、开发和应用，鼓励环境保护产业发展，促进环境保护信息化建设，提高环境保护科学技术水平。

第八条　各级人民政府应当加大保护和改善环境、防治污染和其他公害的财政投入，提高财政资金的使用效益。

第九条　各级人民政府应当加强环境保护宣传和普及工作，鼓励基层群众性自治组织、社会组织、环境保护志愿者开展环境保护法律法规和环境保护知识的宣传，营造保护环境的良好风气。

教育行政部门、学校应当将环境保护知识纳入学校教育内容，培养学生的环境保护意识。

新闻媒体应当开展环境保护法律法规和环境保护知识的宣传，对环境违法行为进行舆论监督。

第十条　国务院环境保护主管部门，对全国环境保护工作实施统一监督管理；县级以上地方人民政府环境保护主管部门，对本行政区域环境保护工作实施统一监督管理。

县级以上人民政府有关部门和军队环境保护部门，依照有关法律的规定对资源保护和污染防治等环境保护工作实施监督管理。

第十一条　对保护和改善环境有显著成绩的单位和个人，由人民政府给予奖励。

第十二条　每年6月5日为环境日。

第二章　监督管理

第十三条　县级以上人民政府应当将环境保护工作纳入国民经济和社会发展规划。

国务院环境保护主管部门会同有关部门，根据国民经济和社会发展规划编制国家环境保护规划，报国务院批准并公布实施。

县级以上地方人民政府环境保护主管部门会同有关部门，根据国家环境保护规划的要求，编制本行政区域的环境保护规划，报同级人民政府批准并公布实施。

环境保护规划的内容应当包括生态保护和污染防治的目标、任务、保障措施等，并与主体功能区规划、土地利用总体规划和城乡规划等相衔接。

第十四条　国务院有关部门和省、自治区、直辖市人民政府组织制定经济、技术政策，应当充分考虑对环境的影响，听取有关方面和专家的意见。

第十五条　国务院环境保护主管部门制定国家环境质量标准。

省、自治区、直辖市人民政府对国家环境质量标准中未做规定的项目，可以制定地方环境质量标准；对国家环境质量标准中已做规定的项目，可以制定严于国家环境质量标准的地方环境质量标准。地方环境质量标准应当报国务院环境保护主管部门备案。

国家鼓励开展环境基准研究。

第十六条　国务院环境保护主管部门根据国家环境质量标准和国家经济、技术条件，制定国家污染物排放标准。

省、自治区、直辖市人民政府对国家污染物排放标准中未做规定的项目，可以制定地方污染物排放标准；对国家污染物排放标准中已做规定的项目，可以制定严于国家污染物排放标准的地方污染物排放标准。地方污染物排放标准应当报国务院环境保护主管部门备案。

第十七条　国家建立、健全环境监测制度。国务院环境保护主管部门制定监测规范，会同有关部门组织监测网络，统一规划国家环境质量监测站（点）的设置，建立监测数据共享机制，加强对环境监测的管理。

有关行业、专业等各类环境质量监测站（点）的设置应当符合法律法规规定和监测规范的要求。

监测机构应当使用符合国家标准的监测设备，遵守监测规范。监测机构及其负责人对监测数据的真实性和准确性负责。

第十八条　省级以上人民政府应当组织有关部门或者委托专业机构，对环境状况进行调查、评价，建立环境资源承载能力监测预警机制。

第十九条　编制有关开发利用规划，建设对环境有影响的项目，应当依法进行环境影响评价。

未依法进行环境影响评价的开发利用规划，不得组织实施；未依法进行环境影响评

价的建设项目，不得开工建设。

第二十条　国家建立跨行政区域的重点区域、流域环境污染和生态破坏联合防治协调机制，实行统一规划、统一标准、统一监测、统一的防治措施。

前款规定以外的跨行政区域的环境污染和生态破坏的防治，由上级人民政府协调解决，或者由有关地方人民政府协商解决。

第二十一条　国家采取财政、税收、价格、政府采购等方面的政策和措施，鼓励和支持环境保护技术装备、资源综合利用和环境服务等环境保护产业的发展。

第二十二条　企业事业单位和其他生产经营者，在污染物排放符合法定要求的基础上，进一步减少污染物排放的，人民政府应当依法采取财政、税收、价格、政府采购等方面的政策和措施予以鼓励和支持。

第二十三条　企业事业单位和其他生产经营者，为改善环境，依照有关规定转产、搬迁、关闭的，人民政府应当予以支持。

第二十四条　县级以上人民政府环境保护主管部门及其委托的环境监察机构和其他负有环境保护监督管理职责的部门，有权对排放污染物的企业事业单位和其他生产经营者进行现场检查。被检查者应当如实反映情况，提供必要的资料。实施现场检查的部门、机构及其工作人员应当为被检查者保守商业秘密。

第二十五条　企业事业单位和其他生产经营者违反法律法规规定排放污染物，造成或者可能造成严重污染的，县级以上人民政府环境保护主管部门和其他负有环境保护监督管理职责的部门，可以查封、扣押造成污染物排放的设施、设备。

第二十六条　国家实行环境保护目标责任制和考核评价制度。县级以上人民政府应当将环境保护目标完成情况纳入对本级人民政府负有环境保护监督管理职责的部门及其负责人和下级人民政府及其负责人的考核内容，作为对其考核评价的重要依据。考核结果应当向社会公开。

第二十七条　县级以上人民政府应当每年向本级人民代表大会或者人民代表大会常务委员会报告环境状况和环境保护目标完成情况，对发生的重大环境事件应当及时向本级人民代表大会常务委员会报告，依法接受监督。

第三章　保护和改善环境

第二十八条　地方各级人民政府应当根据环境保护目标和治理任务，采取有效措施，改善环境质量。

未达到国家环境质量标准的重点区域、流域的有关地方人民政府，应当制订限期达标规划，并采取措施按期达标。

第二十九条　国家在重点生态功能区、生态环境敏感区和脆弱区等区域划定生态保护红线，实行严格保护。

各级人民政府对具有代表性的各种类型的自然生态系统区域，珍稀、濒危的野生动植物自然分布区域，重要的水源涵养区域，具有重大科学文化价值的地质构造、著名溶洞和化石分布区、冰川、火山、温泉等自然遗迹，以及人文遗迹、古树名木，应当采取措施予以保护，严禁破坏。

第三十条 开发利用自然资源，应当合理开发，保护生物多样性，保障生态安全，依法制订有关生态保护和恢复治理方案并予以实施。

引进外来物种以及研究、开发和利用生物技术，应当采取措施，防止对生物多样性的破坏。

第三十一条 国家建立、健全生态保护补偿制度。

国家加大对生态保护地区的财政转移支付力度。有关地方人民政府应当落实生态保护补偿资金，确保其用于生态保护补偿。

国家指导受益地区和生态保护地区人民政府通过协商或者按照市场规则进行生态保护补偿。

第三十二条 国家加强对大气、水、土壤等的保护，建立和完善相应的调查、监测、评估和修复制度。

第三十三条 各级人民政府应当加强对农业环境的保护，促进农业环境保护新技术的使用，加强对农业污染源的监测预警，统筹有关部门采取措施，防治土壤污染和土地沙化、盐渍化、贫瘠化、石漠化、地面沉降以及防治植被破坏、水土流失、水体富营养化、水源枯竭、种源灭绝等生态失调现象，推广植物病虫害的综合防治。

县级、乡级人民政府应当提高农村环境保护公共服务水平，推动农村环境综合整治。

第三十四条 国务院和沿海地方各级人民政府应当加强对海洋环境的保护。向海洋排放污染物、倾倒废弃物，进行海岸工程和海洋工程建设，应当符合法律法规规定和有关标准，防止和减少对海洋环境的污染损害。

第三十五条 城乡建设应当结合当地自然环境的特点，保护植被、水域和自然景观，加强城市园林、绿地和风景名胜区的建设与管理。

第三十六条 国家鼓励和引导公民、法人和其他组织使用有利于保护环境的产品和再生产品，减少废弃物的产生。

国家机关和使用财政资金的其他组织应当优先采购和使用节能、节水、节材等有利于保护环境的产品、设备和设施。

第三十七条 地方各级人民政府应当采取措施，组织对生活废弃物的分类处置、回收利用。

第三十八条 公民应当遵守环境保护法律法规，配合实施环境保护措施，按照规定对生活废弃物进行分类放置，减少日常生活对环境造成的损害。

第三十九条 国家建立、健全环境与健康监测、调查和风险评估制度；鼓励和组织开展环境质量对公众健康影响的研究，采取措施预防和控制与环境污染有关的疾病。

第四章 防治污染和其他公害

第四十条 国家促进清洁生产和资源循环利用。

国务院有关部门和地方各级人民政府应当采取措施，推广清洁能源的生产和使用。

企业应当优先使用清洁能源，采用资源利用率高、污染物排放量少的工艺、设备以及废弃物综合利用技术和污染物无害化处理技术，减少污染物的产生。

第四十一条 建设项目中防治污染的设施，应当与主体工程同时设计、同时施工、

同时投产使用。防治污染的设施应当符合经批准的环境影响评价文件的要求，不得擅自拆除或者闲置。

第四十二条　排放污染物的企业事业单位和其他生产经营者，应当采取措施，防治在生产建设或者其他活动中产生的废气、废水、废渣、医疗废物、粉尘、恶臭气体、放射性物质以及噪声、振动、光辐射、电磁辐射等对环境的污染和危害。

排放污染物的企业事业单位，应当建立环境保护责任制度，明确单位负责人和相关人员的责任。

重点排污单位应当按照国家有关规定和监测规范安装使用监测设备，保证监测设备正常运行，保存原始监测记录。

严禁通过暗管、渗井、渗坑、灌注或者篡改、伪造监测数据，或者不正常运行防治污染设施等逃避监管的方式违法排放污染物。

第四十三条　排放污染物的企业事业单位和其他生产经营者，应当按照国家有关规定缴纳排污费。排污费应当全部专项用于环境污染防治，任何单位和个人不得截留、挤占或者挪作他用。

依照法律规定征收环境保护税的，不再征收排污费。

第四十四条　国家实行重点污染物排放总量控制制度。重点污染物排放总量控制指标由国务院下达，省、自治区、直辖市人民政府分解落实。企业事业单位在执行国家和地方污染物排放标准的同时，应当遵守分解落实到本单位的重点污染物排放总量控制指标。

对超过国家重点污染物排放总量控制指标或者未完成国家确定的环境质量目标的地区，省级以上人民政府环境保护主管部门应当暂停审批其新增重点污染物排放总量的建设项目环境影响评价文件。

第四十五条　国家依照法律规定实行排污许可管理制度。

实行排污许可管理的企业事业单位和其他生产经营者应当按照排污许可证的要求排放污染物；未取得排污许可证的，不得排放污染物。

第四十六条　国家对严重污染环境的工艺、设备和产品实行淘汰制度。任何单位和个人不得生产、销售或者转移、使用严重污染环境的工艺、设备和产品。

禁止引进不符合我国环境保护规定的技术、设备、材料和产品。

第四十七条　各级人民政府及其有关部门和企业事业单位，应当依照《中华人民共和国突发事件应对法》的规定，做好突发环境事件的风险控制、应急准备、应急处置和事后恢复等工作。

县级以上人民政府应当建立环境污染公共监测预警机制，组织制订预警方案；环境受到污染，可能影响公众健康和环境安全时，依法及时公布预警信息，启动应急措施。

企业事业单位应当按照国家有关规定制订突发环境事件应急预案，报环境保护主管部门和有关部门备案。在发生或者可能发生突发环境事件时，企业事业单位应当立即采取措施处理，及时通报可能受到危害的单位和居民，并向环境保护主管部门和有关部门报告。

突发环境事件应急处置工作结束后，有关人民政府应当立即组织评估事件造成的环境影响和损失，并及时将评估结果向社会公布。

第四十八条　生产、储存、运输、销售、使用、处置化学物品和含有放射性物质的物品，应当遵守国家有关规定，防止污染环境。

第四十九条　各级人民政府及其农业等有关部门和机构应当指导农业生产经营者科学种植和养殖，科学合理施用农药、化肥等农业投入品，科学处置农用薄膜、农作物秸秆等农业废弃物，防止农业面源污染。

禁止将不符合农用标准和环境保护标准的固体废物、废水施入农田。施用农药、化肥等农业投入品及进行灌溉，应当采取措施，防止重金属和其他有毒有害物质污染环境。

畜禽养殖场、养殖小区、定点屠宰企业等的选址、建设和管理应当符合有关法律法规规定。从事畜禽养殖和屠宰的单位和个人应当采取措施，对畜禽粪便、尸体和污水等废弃物进行科学处置，防止污染环境。

县级人民政府负责组织农村生活废弃物的处置工作。

第五十条　各级人民政府应当在财政预算中安排资金，支持农村饮用水水源地保护、生活污水和其他废弃物处理、畜禽养殖和屠宰污染防治、土壤污染防治和农村工矿污染治理等环境保护工作。

第五十一条　各级人民政府应当统筹城乡建设污水处理设施及配套管网，固体废物的收集、运输和处置等环境卫生设施，危险废物集中处置设施、场所以及其他环境保护公共设施，并保障其正常运行。

第五十二条　国家鼓励投保环境污染责任保险。

第五章　信息公开和公众参与

第五十三条　公民、法人和其他组织依法享有获取环境信息、参与和监督环境保护的权利。

各级人民政府环境保护主管部门和其他负有环境保护监督管理职责的部门，应当依法公开环境信息、完善公众参与程序，为公民、法人和其他组织参与和监督环境保护提供便利。

第五十四条　国务院环境保护主管部门统一发布国家环境质量、重点污染源监测信息及其他重大环境信息。省级以上人民政府环境保护主管部门定期发布环境状况公报。

县级以上人民政府环境保护主管部门和其他负有环境保护监督管理职责的部门，应当依法公开环境质量、环境监测、突发环境事件以及环境行政许可、行政处罚、排污费的征收和使用情况等信息。

县级以上地方人民政府环境保护主管部门和其他负有环境保护监督管理职责的部门，应当将企业事业单位和其他生产经营者的环境违法信息记入社会诚信档案，及时向社会公布违法者名单。

第五十五条　重点排污单位应当如实向社会公开其主要污染物的名称、排放方式、排放浓度和总量、超标排放情况，以及防治污染设施的建设和运行情况，接受社会监督。

第五十六条　对依法应当编制环境影响报告书的建设项目，建设单位应当在编制时向可能受影响的公众说明情况，充分征求意见。

负责审批建设项目环境影响评价文件的部门在收到建设项目环境影响报告书后，除涉及国家秘密和商业秘密的事项外，应当全文公开；发现建设项目未充分征求公众意见的，应当责成建设单位征求公众意见。

第五十七条　公民、法人和其他组织发现任何单位和个人有污染环境和破坏生态行为的，有权向环境保护主管部门或者其他负有环境保护监督管理职责的部门举报。

公民、法人和其他组织发现地方各级人民政府、县级以上人民政府环境保护主管部门和其他负有环境保护监督管理职责的部门不依法履行职责的，有权向其上级机关或者监察机关举报。

接受举报的机关应当对举报人的相关信息予以保密，保护举报人的合法权益。

第五十八条　对污染环境、破坏生态，损害社会公共利益的行为，符合下列条件的社会组织可以向人民法院提起诉讼：

（一）依法在设区的市级以上人民政府民政部门登记；

（二）专门从事环境保护公益活动连续五年以上且无违法记录。

符合前款规定的社会组织向人民法院提起诉讼，人民法院应当依法受理。

提起诉讼的社会组织不得通过诉讼牟取经济利益。

第六章　法 律 责 任

第五十九条　企业事业单位和其他生产经营者违法排放污染物，受到罚款处罚，被责令改正，拒不改正的，依法做出处罚决定的行政机关可以自责令改正之日的次日起，按照原处罚数额按日连续处罚。

前款规定的罚款处罚，依照有关法律法规按照防治污染设施的运行成本、违法行为造成的直接损失或者违法所得等因素确定的规定执行。

地方性法规可以根据环境保护的实际需要，增加第一款规定的按日连续处罚的违法行为的种类。

第六十条　企业事业单位和其他生产经营者超过污染物排放标准或者超过重点污染物排放总量控制指标排放污染物的，县级以上人民政府环境保护主管部门可以责令其采取限制生产、停产整治等措施；情节严重的，报经有批准权的人民政府批准，责令停业、关闭。

第六十一条　建设单位未依法提交建设项目环境影响评价文件或者环境影响评价文件未经批准，擅自开工建设的，由负有环境保护监督管理职责的部门责令停止建设，处以罚款，并可以责令恢复原状。

第六十二条　违反本法规定，重点排污单位不公开或者不如实公开环境信息的，由县级以上地方人民政府环境保护主管部门责令公开，处以罚款，并予以公告。

第六十三条　企业事业单位和其他生产经营者有下列行为之一，尚不构成犯罪的，除依照有关法律法规规定予以处罚外，由县级以上人民政府环境保护主管部门或者其他有关部门将案件移送公安机关，对其直接负责的主管人员和其他直接责任人员，处十日以上十五日以下拘留；情节较轻的，处五日以上十日以下拘留：

（一）建设项目未依法进行环境影响评价，被责令停止建设，拒不执行的；

（二）违反法律规定，未取得排污许可证排放污染物，被责令停止排污，拒不执行的；

（三）通过暗管、渗井、渗坑、灌注或者篡改、伪造监测数据，或者不正常运行防治污染设施等逃避监管的方式违法排放污染物的；

（四）生产、使用国家明令禁止生产、使用的农药，被责令改正，拒不改正的。

第六十四条　因污染环境和破坏生态造成损害的，应当依照《中华人民共和国侵权责任法》的有关规定承担侵权责任。

第六十五条　环境影响评价机构、环境监测机构以及从事环境监测设备和防治污染设施维护、运营的机构，在有关环境服务活动中弄虚作假，对造成的环境污染和生态破坏负有责任的，除依照有关法律法规规定予以处罚外，还应当与造成环境污染和生态破坏的其他责任者承担连带责任。

第六十六条　提起环境损害赔偿诉讼的时效期间为三年，从当事人知道或者应当知道其受到损害时起计算。

第六十七条　上级人民政府及其环境保护主管部门应当加强对下级人民政府及其有关部门环境保护工作的监督。发现有关工作人员有违法行为，依法应当给予处分的，应当向其任免机关或者监察机关提出处分建议。

依法应当给予行政处罚，而有关环境保护主管部门不给予行政处罚的，上级人民政府环境保护主管部门可以直接做出行政处罚的决定。

第六十八条　地方各级人民政府、县级以上人民政府环境保护主管部门和其他负有环境保护监督管理职责的部门有下列行为之一的，对直接负责的主管人员和其他直接责任人员给予记过、记大过或者降级处分；造成严重后果的，给予撤职或者开除处分，其主要负责人应当引咎辞职：

（一）不符合行政许可条件准予行政许可的；

（二）对环境违法行为进行包庇的；

（三）依法应当作出责令停业、关闭的决定而未作出的；

（四）对超标排放污染物、采用逃避监管的方式排放污染物、造成环境事故以及不落实生态保护措施造成生态破坏等行为，发现或者接到举报未及时查处的；

（五）违反本法规定，查封、扣押企业事业单位和其他生产经营者的设施、设备的；

（六）篡改、伪造或者指使篡改、伪造监测数据的；

（七）应当依法公开环境信息而未公开的；

（八）将征收的排污费截留、挤占或者挪作他用的；

（九）法律法规规定的其他违法行为。

第六十九条　违反本法规定，构成犯罪的，依法追究刑事责任。

第七章　附　　则

第七十条　本法自2015年1月1日起施行。

附录二

中共中央　国务院关于加快推进生态文明建设的意见

生态文明建设是中国特色社会主义事业的重要内容，关系人民福祉，关乎民族未来，事关“两个一百年”奋斗目标和中华民族伟大复兴中国梦的实现。党中央、国务院高度重视生态文明建设，先后出台了一系列重大决策部署，推动生态文明建设取得了重大进展和积极成效。但总体上看我国生态文明建设水平仍滞后于经济社会发展，资源约束趋紧，环境污染严重，生态系统退化，发展与人口资源环境之间的矛盾日益突出，已成为经济社会可持续发展的重大瓶颈制约。

加快推进生态文明建设是加快转变经济发展方式、提高发展质量和效益的内在要求，是坚持以人为本、促进社会和谐的必然选择，是全面建成小康社会、实现中华民族伟大复兴中国梦的时代抉择，是积极应对气候变化、维护全球生态安全的重大举措。要充分认识加快推进生态文明建设的极端重要性和紧迫性，切实增强责任感和使命感，牢固树立尊重自然、顺应自然、保护自然的理念，坚持绿水青山就是金山银山，动员全党、全社会积极行动、深入持久地推进生态文明建设，加快形成人与自然和谐发展的现代化建设新格局，开创社会主义生态文明新时代。

一、总体要求

（一）指导思想

以邓小平理论、“三个代表”重要思想、科学发展观为指导，全面贯彻党的十八大和十八届二中、三中、四中全会精神，深入贯彻习近平总书记系列重要讲话精神，认真落实党中央、国务院的决策部署，坚持以人为本、依法推进，坚持节约资源和保护环境的基本国策，把生态文明建设放在突出的战略位置，融入经济建设、政治建设、文化建设、社会建设各方面和全过程，协同推进新型工业化、信息化、城镇化、农业现代化和绿色化，以健全生态文明制度体系为重点，优化国土空间开发格局，全面促进资源节约利用，加大自然生态系统和环境保护力度，大力推进绿色发展、循环发展、低碳发展，弘扬生态文化，倡导绿色生活，加快建设美丽中国，使蓝天常在、青山常在、绿水常在，实现中华民族永续发展。

（二）基本原则

坚持把节约优先、保护优先、自然恢复为主作为基本方针。在资源开发与节约中，把节约放在优先位置，以最少的资源消耗支撑经济社会持续发展；在环境保护与发展中，把保护放在优先位置，在发展中保护、在保护中发展；在生态建设与修复中，以自然恢复为主，与人工修复相结合。

坚持把绿色发展、循环发展、低碳发展作为基本途径。经济社会发展必须建立在资源得到高效循环利用、生态环境受到严格保护的基础上，与生态文明建设相协调，形成节约资源和保护环境的空间格局、产业结构、生产方式。

坚持把深化改革和创新驱动作为基本动力。充分发挥市场配置资源的决定性作用和更好发挥政府作用，不断深化制度改革和科技创新，建立系统完整的生态文明制度体系，强化科技创新引领作用，为生态文明建设注入强大动力。

坚持把培育生态文化作为重要支撑。将生态文明纳入社会主义核心价值体系，加强生态文化的宣传教育，倡导勤俭节约、绿色低碳、文明健康的生活方式和消费模式，提高全社会生态文明意识。

坚持把重点突破和整体推进作为工作方式。既立足当前，着力解决对经济社会可持续发展制约性强、群众反映强烈的突出问题，打好生态文明建设攻坚战；又着眼长远，加强顶层设计与鼓励基层探索相结合，持之以恒全面推进生态文明建设。

（三）主要目标

到2020年，资源节约型和环境友好型社会建设取得重大进展，主体功能区布局基本形成，经济发展质量和效益显著提高，生态文明主流价值观在全社会得到推行，生态文明建设水平与全面建成小康社会目标相适应。

——国土空间开发格局进一步优化。经济、人口布局向均衡方向发展，陆海空间开发强度、城市空间规模得到有效控制，城乡结构和空间布局明显优化。

——资源利用更加高效。单位国内生产总值二氧化碳排放强度比2005年下降40％～45％，能源消耗强度持续下降，资源产出率大幅提高，用水总量力争控制在6 700亿立方米以内，万元工业增加值用水量降低到65立方米以下，农田灌溉水有效利用系数提高到0.55以上，非化石能源占一次能源消费比重达到15％左右。

——生态环境质量总体改善。主要污染物排放总量继续减少，大气环境质量、重点流域和近岸海域水环境质量得到改善，重要江河湖泊水功能区水质达标率提高到80％以上，饮用水安全保障水平持续提升，土壤环境质量总体保持稳定，环境风险得到有效控制。森林覆盖率达到23％以上，草原综合植被覆盖度达到56％，湿地面积不低于8亿亩，50％以上可治理沙化土地得到治理，自然岸线保有率不低于35％，生物多样性丧失速度得到基本控制，全国生态系统稳定性明显增强。

——生态文明重大制度基本确立。基本形成源头预防、过程控制、损害赔偿、责任追究的生态文明制度体系，自然资源资产产权和用途管制、生态保护红线、生态保护补偿、生态环境保护管理体制等关键制度建设取得决定性成果。

二、强化主体功能定位，优化国土空间开发格局

国土是生态文明建设的空间载体。要坚定不移地实施主体功能区战略，健全空间规划体系，科学合理布局和整治生产空间、生活空间、生态空间。

（四）积极实施主体功能区战略

全面落实主体功能区规划，健全财政、投资、产业、土地、人口、环境等配套政策和各有侧重的绩效考核评价体系。推进市县落实主体功能定位，推动经济社会发展、城乡、土地利用、生态环境保护等规划“多规合一”，形成一个市县一本规划、一张蓝图。区域规划编制、重大项目布局必须符合主体功能定位。对不同主体功能区的产业项目实行差别化市场准入政策，明确禁止开发区域、限制开发区域准入事项，明确优化开发区域、重点开发区域禁止和限制发展的产业。编制实施全国国土规划纲要，加快推进国土综合整治。构建平衡适宜的城乡建设空间体系，适当增加生活空间、生态用地，保护和扩大绿地、水域、湿地等生态空间。

（五）大力推进绿色城镇化

认真落实《国家新型城镇化规划（2014—2020年）》，根据资源环境承载能力，构建科学合理的城镇化宏观布局，严格控制特大城市规模，增强中小城市承载能力，促进大中小城市和小城镇协调发展。尊重自然格局，依托现有山水脉络、气象条件等，合理布局城镇各类空间，尽量减少对自然的干扰和损害。保护自然景观，传承历史文化，提倡城镇形态多样性，保持特色风貌，防止“千城一面”。科学确定城镇开发强度，提高城镇土地利用效率、建成区人口密度，划定城镇开发边界，从严供给城市建设用地，推动城镇化发展由外延扩张式向内涵提升式转变。严格新城、新区设立条件和程序。强化城镇化过程中的节能理念，大力发展绿色建筑和低碳、便捷的交通体系，推进绿色生态城区建设，提高城镇供排水、防涝、雨水收集利用、供热、供气、环境等基础设施建设水平。所有县城和重点镇都要具备污水、垃圾处理能力，提高建设、运行、管理水平。加强城乡规划“三区四线”（禁建区、限建区和适建区，绿线、蓝线、紫线和黄线）管理，维护城乡规划的权威性、严肃性，杜绝大拆大建。

（六）加快美丽乡村建设

完善县域村庄规划，强化规划的科学性和约束力。加强农村基础设施建设，强化山水林田路综合治理，加快农村危旧房改造，支持农村环境集中连片整治，开展农村垃圾专项治理，加大农村污水处理和改厕力度。加快转变农业发展方式，推进农业结构调整，大力发展农业循环经济，治理农业污染，提升农产品质量安全水平。依托乡村生态资源，在保护生态环境的前提下，加快发展乡村旅游休闲业。引导农民在房前屋后、道路两旁植树护绿。加强农村精神文明建设，以环境整治和民风建设为重点，扎实推进文明村镇创建。

（七）加强海洋资源科学开发和生态环境保护

根据海洋资源环境承载力，科学编制海洋功能区划，确定不同海域主体功能。坚持“点上开发、面上保护”，控制海洋开发强度，在适宜开发的海洋区域，加快调整经济结构和产业布局，积极发展海洋战略性新兴产业，严格生态环境评价，提高资源集约节约利用和综合开发水平，最大程度减少对海域生态环境的影响。严格控制陆源污染物排海总量，建立并实施重点海域排污总量控制制度，加强海洋环境治理、海域海岛综合整治、生态保护修复，有效保护重要、敏感和脆弱海洋生态系统。加强船舶港口污染控制，积极治理船舶污染，增强港口码头污染防治能力。控制发展海水养殖，科学养护海洋渔业资源。开展海洋资源和生态环境综合评估。实施严格的围填海总量控制制度、自然岸线控制制度，建立陆海统筹、区域联动的海洋生态环境保护修复机制。

三、推动技术创新和结构调整，提高发展质量和效益

从根本上缓解经济发展与资源环境之间的矛盾，必须构建科技含量高、资源消耗低、环境污染少的产业结构，加快推动生产方式绿色化，大幅提高经济绿色化程度，有效降低发展的资源环境代价。

（八）推动科技创新

结合深化科技体制改革，建立符合生态文明建设领域科研活动特点的管理制度和运行机制。加强重大科学技术问题研究，开展能源节约、资源循环利用、新能源开发、污染治理、生态修复等领域关键技术攻关，在基础研究和前沿技术研发方面取得突破。强化企业技术创新主体地位，充分发挥市场对绿色产业发展方向和技术路线选择的决定性作用。完善技术创新体系，提高综合集成创新能力，加强工艺创新与试验。支持生态文明领域工程技术类研究中心、实验室和实验基地建设，完善科技创新成果转化机制，形成一批成果转化平台、中介服务机构，加快成熟适用技术的示范和推广。加强生态文明基础研究、试验研发、工程应用和市场服务等科技人才队伍建设。

（九）调整优化产业结构

推动战略性新兴产业和先进制造业健康发展，采用先进适用节能低碳环保技术改造提升传统产业，发展壮大服务业，合理布局建设基础设施和基础产业。积极化解产能严重过剩矛盾，加强预警调控，适时调整产能严重过剩行业名单，严禁核准产能严重过剩行业新增产能项目。加快淘汰落后产能，逐步提高淘汰标准，禁止落后产能向中西部地区转移。做好化解产能过剩和淘汰落后产能企业职工安置工作。推动要素资源全球配置，鼓励优势产业走出去，提高参与国际分工的水平。调整能源结构，推动传统能源安全绿色开发和清洁低碳利用，发展清洁能源、可再生能源，不断提高非化石能源在能源消费结构中的比重。

（十）发展绿色产业

大力发展节能环保产业，以推广节能环保产品拉动消费需求，以增强节能环保工程技术能力拉动投资增长，以完善政策机制释放市场潜在需求，推动节能环保技术、装备和服务水平显著提升，加快培育新的经济增长点。实施节能环保产业重大技术装备产业化工程，规划建设产业化示范基地，规范节能环保市场发展，多渠道引导社会资金投入，形成新的支柱产业。加快核电、风电、太阳能光伏发电等新材料、新装备的研发和推广，推进生物质发电、生物质能源、沼气、地热、浅层地温能、海洋能等应用，发展分布式能源，建设智能电网，完善运行管理体系。大力发展节能与新能源汽车，提高创新能力和产业化水平，加强配套基础设施建设，加大推广普及力度。发展有机农业、生态农业，以及特色经济林、林下经济、森林旅游等林产业。

四、全面促进资源节约循环高效使用，推动利用方式根本转变

节约资源是破解资源瓶颈约束、保护生态环境的首要之策。要深入推进全社会节

能减排，在生产、流通、消费各环节大力发展循环经济，实现各类资源节约高效利用。

（十一）推进节能减排

发挥节能与减排的协同促进作用，全面推动重点领域节能减排。开展重点用能单位节能低碳行动，实施重点产业能效提升计划。严格执行建筑节能标准，加快推进既有建筑节能和供热计量改造，从标准、设计、建设等方面大力推广可再生能源在建筑上的应用，鼓励建筑工业化等建设模式。优先发展公共交通，优化运输方式，推广节能与新能源交通运输装备，发展甩挂运输。鼓励使用高效节能农业生产设备。开展节约型公共机构示范创建活动。强化结构、工程、管理减排，继续削减主要污染物排放总量。

（十二）发展循环经济

按照减量化、再利用、资源化的原则，加快建立循环型工业、农业、服务业体系，提高全社会资源产出率。完善再生资源回收体系，实行垃圾分类回收，开发利用“城市矿产”，推进秸秆等农林废弃物以及建筑垃圾、餐厨废弃物资源化利用，发展再制造和再生利用产品，鼓励纺织品、汽车轮胎等废旧物品回收利用。推进煤矸石、矿渣等大宗固体废弃物综合利用。组织开展循环经济示范行动，大力推广循环经济典型模式。推进产业循环式组合，促进生产和生活系统的循环链接，构建覆盖全社会的资源循环利用体系。

（十三）加强资源节约

节约集约利用水、土地、矿产等资源，加强全过程管理，大幅降低资源消耗强度。加强用水需求管理，以水定需、量水而行，抑制不合理用水需求，促进人口、经济等与水资源相均衡，建设节水型社会。推广高效节水技术和产品，发展节水农业，加强城市节水，推进企业节水改造。积极开发利用再生水、矿井水、空中云水、海水等非常规水源，严控无序调水和人造水景工程，提高水资源安全保障水平。按照严控增量、盘活存量、优化结构、提高效率的原则，加强土地利用的规划管控、市场调节、标准控制和考核监管，严格土地用途管制，推广应用节地技术和模式。发展绿色矿业，加快推进绿色矿山建设，促进矿产资源高效利用，提高矿产资源开采回采率、选矿回收率和综合利用率。

五、加大自然生态系统和环境保护力度，切实改善生态环境质量

良好生态环境是最公平的公共产品，是最普惠的民生福祉。要严格源头预防、不欠新账，加快治理突出生态环境问题、多还旧账，让人民群众呼吸新鲜的空气，喝上干净的水，在良好的环境中生产生活。

（十四）保护和修复自然生态系统

加快生态安全屏障建设，形成以青藏高原、黄土高原—川滇、东北森林带、北方防沙带、南方丘陵山地带、近岸近海生态区以及大江大河重要水系为骨架，以其他重点生态功能区为重要支撑，以禁止开发区域为重要组成的生态安全战略格局。实施重大生态修复工程，扩大森林、湖泊、湿地面积，提高沙区、草原植被覆盖率，有序实现休养生息。加强森林保护，将天然林资源保护范围扩大到全国；大力开展植树造林和森林经营，稳定和扩大退耕还林范围，加快重点防护林体系建设；完善国有林场和国有林区经营管理体制，深化集体林权制度改革。严格落实禁牧休牧和草畜平衡制度，加快推进基本草原

划定和保护工作；加大退牧还草力度，继续实行草原生态保护补助奖励政策；稳定和完善草原承包经营制度。启动湿地生态效益补偿和退耕还湿。加强水生生物保护，开展重要水域增殖放流活动。继续推进京津风沙源治理、黄土高原地区综合治理、石漠化综合治理，开展沙化土地封禁保护试点。加强水土保持，因地制宜推进小流域综合治理。实施地下水保护和超采漏斗区综合治理，逐步实现地下水采补平衡。强化农田生态保护，实施耕地质量保护与提升行动，加大退化、污染、损毁农田改良和修复力度，加强耕地质量调查监测与评价。实施生物多样性保护重大工程，建立监测评估与预警体系，健全国门生物安全查验机制，有效防范物种资源丧失和外来物种入侵，积极参加生物多样性国际公约谈判和履约工作。加强自然保护区建设与管理，对重要生态系统和物种资源实施强制性保护，切实保护珍稀濒危野生动植物、古树名木及自然生境。建立国家公园体制，实行分级、统一管理，保护自然生态和自然文化遗产原真性、完整性。研究建立江河湖泊生态水量保障机制。加快灾害调查评价、监测预警、防治和应急等防灾减灾体系建设。

（十五）全面推进污染防治

按照以人为本、防治结合、标本兼治、综合施策的原则，建立以保障人体健康为核心、以改善环境质量为目标、以防控环境风险为基线的环境管理体系，健全跨区域污染防治协调机制，加快解决人民群众反映强烈的大气、水、土壤污染等突出环境问题。继续落实大气污染防治行动计划，逐渐消除重污染天气，切实改善大气环境质量。实施水污染防治行动计划，严格饮用水源保护，全面推进涵养区、源头区等水源地环境整治，加强供水全过程管理，确保饮用水安全；加强重点流域、区域、近岸海域水污染防治和良好湖泊生态环境保护，控制和规范淡水养殖，严格入河（湖、海）排污管理；推进地下水污染防治。制订实施土壤污染防治行动计划，优先保护耕地土壤环境，强化工业污染场地治理，开展土壤污染治理与修复试点。加强农业面源污染防治，加大种养业特别是规模化畜禽养殖污染防治力度，科学施用化肥、农药，推广节能环保型炉灶，净化农产品产地和农村居民生活环境。加大城乡环境综合整治力度。推进重金属污染治理。开展矿山地质环境恢复和综合治理，推进尾矿安全、环保存放，妥善处理处置矿渣等大宗固体废物。建立健全化学品、持久性有机污染物、危险废物等环境风险防范与应急管理工作机制。切实加强核设施运行监管，确保核安全万无一失。

（十六）积极应对气候变化

坚持当前长远相互兼顾、减缓适应全面推进，通过节约能源和提高能效，优化能源结构，增加森林、草原、湿地、海洋碳汇等手段，有效控制二氧化碳、甲烷、氢氟碳化物、全氟化碳、六氟化硫等温室气体排放。提高适应气候变化特别是应对极端天气和气候事件能力，加强监测、预警和预防，提高农业、林业、水资源等重点领域和生态脆弱地区适应气候变化的水平。扎实推进低碳省区、城市、城镇、产业园区、社区试点。坚持共同但有区别的责任原则、公平原则、各自能力原则，积极建设性地参与应对气候变化国际谈判，推动建立公平合理的全球应对气候变化格局。

六、健全生态文明制度体系

加快建立系统完整的生态文明制度体系，引导、规范和约束各类开发、利用、保护自

然资源的行为，用制度保护生态环境。

（十七）健全法律法规

全面清理现行法律法规中与加快推进生态文明建设不相适应的内容，加强法律法规间的衔接。研究制定节能评估审查、节水、应对气候变化、生态补偿、湿地保护、生物多样性保护、土壤环境保护等方面的法律法规，修订土地管理法、大气污染防治法、水污染防治法、节约能源法、循环经济促进法、矿产资源法、森林法、草原法、野生动物保护法等。

（十八）完善标准体系

加快制定修订一批能耗、水耗、地耗、污染物排放、环境质量等方面的标准，实施能效和排污强度“领跑者”制度，加快标准升级步伐。提高建筑物、道路、桥梁等建设标准。环境容量较小、生态环境脆弱、环境风险高的地区要执行污染物特别排放限值。鼓励各地区依法制定更加严格的地方标准。建立与国际接轨、适应我国国情的能效和环保标识认证制度。

（十九）健全自然资源资产产权制度和用途管制制度

对水流、森林、山岭、草原、荒地、滩涂等自然生态空间进行统一确权登记，明确国土空间的自然资源资产所有者、监管者及其责任。完善自然资源资产用途管制制度，明确各类国土空间开发、利用、保护边界，实现能源、水资源、矿产资源按质量分级、梯级利用。严格节能评估审查、水资源论证和取水许可制度。坚持并完善最严格的耕地保护和节约用地制度，强化土地利用总体规划和年度计划管控，加强土地用途转用许可管理。完善矿产资源规划制度，强化矿产开发准入管理。有序推进国家自然资源资产管理体制改革。

（二十）完善生态环境监管制度

建立严格监管所有污染物排放的环境保护管理制度。完善污染物排放许可证制度，禁止无证排污和超标准、超总量排污。违法排放污染物、造成或可能造成严重污染的，要依法查封扣押排放污染物的设施设备。对严重污染环境的工艺、设备和产品实行淘汰制度。实行企事业单位污染物排放总量控制制度，适时调整主要污染物指标种类，纳入约束性指标。健全环境影响评价、清洁生产审核、环境信息公开等制度。建立生态保护修复和污染防治区域联动机制。

（二十一）严守资源环境生态红线

树立底线思维，设定并严守资源消耗上限、环境质量底线、生态保护红线，将各类开发活动限制在资源环境承载能力之内。合理设定资源消耗“天花板”，加强能源、水、土地等战略性资源管控，强化能源消耗强度控制，做好能源消费总量管理。继续实施水资源开发利用控制、用水效率控制、水功能区限制纳污三条红线管理。划定永久基本农田，严格实施永久保护，对新增建设用地占用耕地规模实行总量控制，落实耕地占补平衡，确保耕地数量不下降、质量不降低。严守环境质量底线，将大气、水、土壤等环境质量“只能更好、不能变坏”作为地方各级政府环保责任红线，相应确定污染物排放总量限值和环境风险防控措施。在重点生态功能区、生态环境敏感区和脆弱区等区域划定生态红线，确保生态功能不降低、面积不减少、性质不改变；科学划定森林、草原、湿地、海洋等领域生态红线，严格自然生态空间征（占）用管理，有效遏制生态系统退化的趋势。探索建立资源环境承载能力监测预警机制，对资源消耗和环境容量接近或超过承载能力的地区，及时采取区域限批等限制性措施。

（二十二）完善经济政策

健全价格、财税、金融等政策，激励、引导各类主体积极投身生态文明建设。深化自然资源及其产品价格改革，凡是能由市场形成价格的都交给市场，政府定价要体现基本需求与非基本需求以及资源利用效率高低的差异，体现生态环境损害成本和修复效益。进一步深化矿产资源有偿使用制度改革，调整矿业权使用费征收标准。加大财政资金投入，统筹有关资金，对资源节约和循环利用、新能源和可再生能源开发利用、环境基础设施建设、生态修复与建设、先进适用技术研发示范等给予支持。将高耗能、高污染产品纳入消费税征收范围。推动环境保护费改税。加快资源税从价计征改革，清理取消相关收费基金，逐步将资源税征收范围扩展到占用各种自然生态空间。完善节能环保、新能源、生态建设的税收优惠政策。推广绿色信贷，支持符合条件的项目通过资本市场融资。探索排污权抵押等融资模式。深化环境污染责任保险试点，研究建立巨灾保险制度。

（二十三）推行市场化机制

加快推行合同能源管理、节能低碳产品和有机产品认证、能效标识管理等机制。推进节能发电调度，优先调度可再生能源发电资源，按机组能耗和污染物排放水平依次调用化石类能源发电资源。建立节能量、碳排放权交易制度，深化交易试点，推动建立全国碳排放权交易市场。加快水权交易试点，培育和规范水权市场。全面推进矿业权市场建设。扩大排污权有偿使用和交易试点范围，发展排污权交易市场。积极推进环境污染第三方治理，引入社会力量投入环境污染治理。

（二十四）健全生态保护补偿机制

科学界定生态保护者与受益者权利义务，加快形成生态损害者赔偿、受益者付费、保护者得到合理补偿的运行机制。结合深化财税体制改革，完善转移支付制度，归并和规范现有生态保护补偿渠道，加大对重点生态功能区的转移支付力度，逐步提高其基本公共服务水平。建立地区间横向生态保护补偿机制，引导生态受益地区与保护地区之间、流域上游与下游之间，通过资金补助、产业转移、人才培训、共建园区等方式实施补偿。建立独立公正的生态环境损害评估制度。

（二十五）健全政绩考核制度

建立体现生态文明要求的目标体系、考核办法、奖惩机制。把资源消耗、环境损害、生态效益等指标纳入经济社会发展综合评价体系，大幅增加考核权重，强化指标约束，不唯经济增长论英雄。完善政绩考核办法，根据区域主体功能定位，实行差别化的考核制度。对限制开发区域、禁止开发区域和生态脆弱的国家扶贫开发工作重点县，取消地区生产总值考核；对农产品主产区和重点生态功能区，分别实行农业优先和生态保护优先的绩效评价；对禁止开发的重点生态功能区，重点评价其自然文化资源的原真性、完整性。根据考核评价结果，对生态文明建设成绩突出的地区、单位和个人给予表彰奖励。探索编制自然资源资产负债表，对领导干部实行自然资源资产和环境责任离任审计。

（二十六）完善责任追究制度

建立领导干部任期生态文明建设责任制，完善节能减排目标责任考核及问责制度。严格责任追究，对违背科学发展要求、造成资源环境生态严重破坏的要记录在案，实行终身追责，不得转任重要职务或提拔使用，已经调离的也要问责。对推动生态文明建设工作不力的，要及时诫勉谈话；对不顾资源和生态环境盲目决策、造成严重后果的，要严肃追究有关人员的领导责任；对履职不力、监管不严、失职渎职的，要依纪依法追究有关人员的监管责任。

七、加强生态文明建设统计监测和执法监督

坚持问题导向，针对薄弱环节，加强统计监测、执法监督，为推进生态文明建设提供有力保障。

（二十七）加强统计监测

建立生态文明综合评价指标体系。加快推进对能源、矿产资源、水、大气、森林、草原、湿地、海洋和水土流失、沙化土地、土壤环境、地质环境、温室气体等的统计监测核算能力建设，提升信息化水平，提高准确性、及时性，实现信息共享。加快重点用能单位能源消耗在线监测体系建设。建立循环经济统计指标体系、矿产资源合理开发利用评价指标体系。利用卫星遥感等技术手段，对自然资源和生态环境保护状况开展全天候监测，健全覆盖所有资源环境要素的监测网络体系。提高环境风险防控和突发环境事件应急能力，健全环境与健康调查、监测和风险评估制度。定期开展全国生态状况调查和评估。加大各级政府预算内投资等财政性资金对统计监测等基础能力建设的支持力度。

（二十八）强化执法监督

加强法律监督、行政监察，对各类环境违法违规行为实行“零容忍”，加大查处力度，严厉惩处违法违规行为。强化对浪费能源资源、违法排污、破坏生态环境等行为的执法监察和专项督察。资源环境监管机构独立开展行政执法，禁止领导干部违法违规干预执法活动。健全行政执法与刑事司法的衔接机制，加强基层执法队伍、环境应急处置救援队伍建设。强化对资源开发和交通建设、旅游开发等活动的生态环境监管。

八、加快形成推进生态文明建设的良好社会风尚

生态文明建设关系各行各业、千家万户。要充分发挥人民群众的积极性、主动性、创造性，凝聚民心、集中民智、汇集民力，实现生活方式绿色化。

（二十九）提高全民生态文明意识

积极培育生态文化、生态道德，使生态文明成为社会主流价值观，成为社会主义核心价值观的重要内容。从娃娃和青少年抓起，从家庭、学校教育抓起，引导全社会树立生态文明意识。把生态文明教育作为素质教育的重要内容，纳入国民教育体系和干部教育培训体系。将生态文化作为现代公共文化服务体系建设的重要内容，挖掘优秀传统生态文化思想和资源，创作一批文化作品，创建一批教育基地，满足广大人民群众对生态文化的需求。通过典型示范、展览展示、岗位创建等形式，广泛动员全民参与生态文明建设。组织好世界地球日、世界环境日、世界森林日、世界水日、世界海洋日和全国节能宣传周等主题宣传活动。充分发挥新闻媒体作用，树立理性、积极的舆论导向，加强资源环境国情宣传，普及生态文明法律法规、科学知识等，报道先进典型，曝光反面事例，增强公众节约意识、环保意识、生态意识，形成人人、事事、时时崇尚生态文明的社会氛围。

（三十）培育绿色生活方式

倡导勤俭节约的消费观。广泛开展绿色生活行动，推动全民在衣、食、住、行、游等方面加快向勤俭节约、绿色低碳、文明健康的方式转变，坚决抵制和反对各种形式的奢侈浪费、不合理消费。积极引导消费者购买节能与新能源汽车、高能效家电、节水型器具等节能环保低碳产品，减少一次性用品的使用，限制过度包装。大力推广绿色低碳出行，倡导绿色生活和休闲模式，严格限制发展高耗能、高耗水服务业。在餐饮企业、单位食堂、家庭全方位开展反食品浪费行动。党政机关、国有企业要带头厉行勤俭节约。

（三十一）鼓励公众积极参与

完善公众参与制度，及时准确披露各类环境信息，扩大公开范围，保障公众知情权，维护公众环境权益。健全举报、听证、舆论和公众监督等制度，构建全民参与的社会行动体系。建立环境公益诉讼制度，对污染环境、破坏生态的行为，有关组织可提起公益诉讼。在建设项目立项、实施、后评价等环节，有序增强公众参与程度。引导生态文明建设领域各类社会组织健康有序发展，发挥民间组织和志愿者的积极作用。

九、切实加强组织领导

健全生态文明建设领导体制和工作机制，勇于探索和创新，推动生态文明建设蓝图逐步成为现实。

（三十二）强化统筹协调

各级党委和政府对本地区生态文明建设负总责，要建立协调机制，形成有利于推进生态文明建设的工作格局。各有关部门要按照职责分工，密切协调配合，形成生态文明建设的强大合力。

（三十三）探索有效模式

抓紧制订生态文明体制改革总体方案，深入开展生态文明先行示范区建设，研究不同发展阶段、资源环境禀赋、主体功能定位地区生态文明建设的有效模式。各地区要抓住制约本地区生态文明建设的瓶颈，在生态文明制度创新方面积极实践，力争取得重大突破。及时总结有效做法和成功经验，完善政策措施，形成有效模式，加大推广力度。

（三十四）广泛开展国际合作

统筹国内国际两个大局，以全球视野加快推进生态文明建设，树立负责任大国形象，把绿色发展转化为新的综合国力、综合影响力和国际竞争新优势。发扬包容互鉴、合作共赢的精神，加强与世界各国在生态文明领域的对话交流和务实合作，引进先进技术装备和管理经验，促进全球生态安全。加强南南合作，开展绿色援助，对其他发展中国家提供支持和帮助。

（三十五）抓好贯彻落实

各级党委和政府及中央有关部门要按照本意见要求，抓紧提出实施方案，研究制订与本意见相衔接的区域性、行业性和专题性规划，明确目标任务、责任分工和时间要求，确保各项政策措施落到实处。各地区各部门贯彻落实情况要及时向党中央、国务院报告，同时抄送国家发展改革委。中央就贯彻落实情况适时组织开展专项监督检查。

主要参考文献

［1］ 范梦．大学生生态文明教育研究［M］．北京：社会科学文献出版社，2023．
［2］ 王火清，林媛，杜立群．生态文明教育［M］．上海：同济大学出版社，2019．
［3］ 文学禹，李建铁．大学生生态文明教育教程［M］．北京：中国林业出版社，2016．
［4］ 潘岳．生态文明知识读本［M］．北京：中国环境出版社，2013．
［5］ 周生贤．生态文明建设与可持续发展［M］．北京：人民出版社，2011．

高等教育出版社

教学资源服务指南

感谢您使用本书。为方便教学，我社为教师提供资源下载、样书申请等服务，如贵校已选用本书，您只要关注微信公众号“高职素质教育教学研究”，或加入下列教师交流QQ群即可免费获得相关服务。

“高职素质教育教学研究”公众号

最新目录
样书申请
资源下载
写作试卷
线上购书
师资培训 教学服务 教材样章

资源下载：点击“**教学服务**”—“**资源下载**”，或直接在浏览器中输入网址（http://101.35.126.6/），注册登录后可搜索下载相关资源。（建议用电脑浏览器操作）

样书申请：点击“**教学服务**”—“**样书申请**”，填写相关信息即可申请样书。

样章下载：点击“**教材样章**”，可下载在供教材的前言、目录和样章。

师资培训：点击“**师资培训**”，获取最新直播信息、直播回放和往期师资培训视频。

联系方式

职业素养和创新创业教师交流QQ群：310075759

联系电话：（021）56961310　电子邮箱：3076198581@qq.com